博碩文化

U0086582

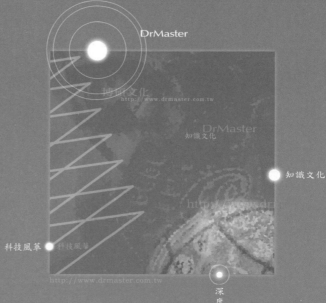

DrMaster

知識文化

科技風革

深度學習資訊新領域

http://www.drmaster.com.tw

DrMaster

深度學習資訊新領域

http://www.drmaster.com.tw

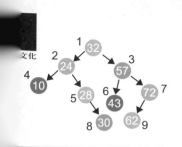

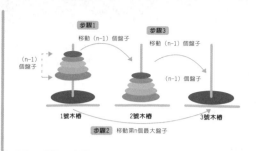

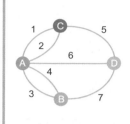

圖說演算法

使用Java

吳燦銘　胡昭民　著

理解零負擔‧採功能強大 Java 語言實作

暢銷
回饋版

鍵值

R1	4	DD	R1	1	AA
R2	2	BB	R2	2	BB
R3	1	AA	R3	3	CC
R4	5	EE	R4	4	DD
R5	3	CC	R5	5	EE

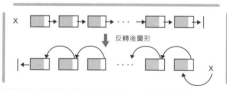

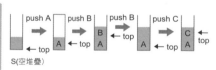

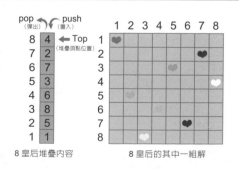

8 皇后堆疊內容　　8 皇后的其中一組解

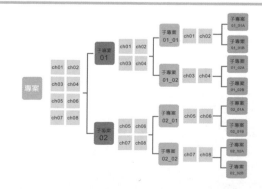

作　　者：吳燦銘、胡昭民
編　　輯：Cathy、黃俊傑

董 事 長：陳來勝
總 編 輯：陳錦輝

出　　版：博碩文化股份有限公司
地　　址：221 新北市汐止區新台五路一段 112 號 10 樓 A 棟
　　　　　電話 (02) 2696-2869　傳真 (02) 2696-2867

發　　行：博碩文化股份有限公司
郵撥帳號：17484299
戶　　名：博碩文化股份有限公司
博碩網站：http://www.drmaster.com.tw
讀者服務信箱：dr26962869@gmail.com
訂購服務專線：(02) 2696-2869 分機 238、519
（週一至週五 09:30 ～ 12:00；13:30 ～ 17:00）

版　　次：2022 年 10 月二版一刷

建議零售價：新台幣 490 元
I S B N：978-626-333-290-4
律師顧問：鳴權法律事務所 陳曉鳴

本書如有破損或裝訂錯誤，請寄回本公司更換

國家圖書館出版品預行編目資料

圖說演算法：使用 Java / 吳燦銘，胡昭民著. --
二版. -- 新北市：博碩文化股份有限公司，
2022.10

　面；　公分

ISBN 978-626-333-290-4（平裝）

1.CST: Java(電腦程式語言) 2.CST: 演算法

312.32J3　　　　　　　　111016106

Printed in Taiwan

商標聲明

有限擔保責任聲明

著作權聲明

博碩粉絲團　歡迎團體訂購，另有優惠，請洽服務專線
(02) 2696-2869 分機 238、519

　　程式設計課程的目的特別著重「運算思維」（Computational Thinking, CT）的訓練，也就是分析與拆解問題能力的培養，並藉助程式語言實作，進而訓練學生系統化的邏輯思維模式，本書則是將演算法以 Java 實作的重要著作。對於第一次接觸運算思維與演算邏輯教材的初學者來說，大量的演算法邏輯文字說明，常會造成學習障礙與挫折感。為了避免教學及閱讀上的不順暢，書中的演算法儘量不以虛擬碼來說明，而以 Java 程式語言來展現。另外本書採用圖文並茂簡潔的表達方式，闡述各種演算法，有效提高運算思維與演算邏輯的訓練。

　　本書一開始先介紹運算思維與程式設計兩者之間的關係，談到如何培養運算思維的四個面向，分別是拆解、模式識別、歸納與抽象化與演算法。接著介紹常見經典演算法的核心理論，包括分治法、遞迴法、動態規劃法、疊代法、枚舉法、回溯法及貪心法。有了這些基礎後，再帶領各位讀者進入資料結構的異想世界，接下來則針對排序演算法、搜尋演算法、陣列與串列演算法、安全性演算法、堆疊與佇列演算法、樹狀演算法及圖形演算法，並搭配 Java 語言來實作。為了驗收各章的學習成果，各章最後單元也安排了課後習題。

　　另外 Java 的開發工具分成「IDE」及「JDK (Java Development Kit)」二種，本書的編譯環境是最單純的 JDK 13 的軟體開發套件，只要使用記事本就可以輕鬆編輯 Java 程式。

　　然而一本好的運算思維與演算邏輯訓練書籍，除了內容的專業性與難易適中外，更需要有清楚易懂的架構安排。希望本書能幫助各位透過 Java 語言以最輕鬆的方式，達到運算思維與演算邏輯訓練的基礎目標。

目錄　CONTENTS

走入資料結構的異想世界

新手快速學會的最夯排序演算法

8 堆疊與佇列演算法徹底研究

9 超圖解的樹狀演算法

10　強力突破圖形演算法

大話運算思維
與程式設計

- 程式設計的速效攻略
- 生活中到處都是演算法
- 程式設計邏輯簡介

電腦（computer），或者有人稱為計算機（calculator），是一種具備了資料處理與計算的電子化設備。對於一個有志於從事資訊專業領域的人員來說，程式設計是一門和電腦硬體與軟體息息相關的學科，稱得上是近十幾年來蓬勃興起的一門新興科學。

【雲端運算加速了全民程式設計時代的來臨】

隨著資訊與網路科技的高速發展，在物聯網（Internet of Things, IOT）與雲端運算（Cloud Computing）的時代，程式設計能力已經被看成是國力的象徵，連教育部都將撰寫程式列入國高中學生必修課程，寫程式不再是資訊相關科系的專業，而是全民的基本能力，唯有將「創意」經由「設計過程」與電腦結合，才能因應這個快速變遷的雲端世代。

 科技新知，不可不知

雲端運算就是將運算能力提供出來作為一種服務，只要使用者能透過網路登入遠端伺服器進行操作，就能使用運算資源。物聯網是近年資訊產業中一個非常熱門的議題，它將各種具裝置感測設備的物品，例如 RFID、環境感測器、全球定位系統（GPS）等裝置與網際網路結合起來，並透過網路技術讓各種實體物件、自動化裝置彼此溝通和交換資訊，也就是透過網路把所有東西都連結在一起。

1-1　程式設計的速效攻略

學習如何寫程式已經是跟語文、數學、藝術一樣的基礎能力，也是培養孩子解決問題、分析、歸納、創新、勇於嘗試錯誤的能力，甚至能作為掌握未來數位時代的提前準備，讓寫程式不再是資訊相關科系的專業，而是全民的基本能力。

【學好運算思維，透過程式設計是最快的途徑】

程式設計的本質是數學，而且是更簡單的應用數學，過去對於程式設計的實踐目標，我們會非常看重「計算」能力。隨著資訊與網路科技的高速發展，計算能力的重要性早已慢慢消失，反而程式設計課程的目的特別著重學生「運算思維」（Computational Thinking, CT）的訓練。由於運算思維概念與現代電腦強大的執行效率結合，讓我們在今天具備擴大解決問題的能力與範圍，必須在課程中引導與鍛鍊學生建構運算思維的觀念，也就是分析與拆解問題能力的培養，培育 AI 時代必備的數位素養。

 科技新知，不可不知

人工智慧（Artificial Intelligence, AI）的概念最早是由美國科學家 John McCarthy 於 1955 年提出，目標為使電腦具有類似人類學習解決複雜問題與展現思考等能力，舉凡模擬人類的聽、說、讀、寫、看、動作等的電腦技術，都被歸類為人工智慧的可能範圍。簡單地說，人工智慧就是由電腦所模擬或執行，具有類似人類智慧或思考的行為，例如推理、規劃、問題解決及學習等能力。

　　基本上，日常生活中大小事，無疑都是在解決問題，任何只要牽涉到「解決問題」的議題，都可以套用運算思維來解決。讀書與學習就是為了培養生活中解決問題的能力，運算思維是一種利用電腦的邏輯來解決問題的思維，就是能夠將問題「抽象化」與「具體化」的能力，也是現代人都應該具備的素養。目前許多歐美國家從幼稚園就開始訓練學生的運算思維，讓學生們能更有創意地展現出自己的想法與嘗試自行解決問題。

　　例如我今天和朋友約在一個沒有去過的知名旅遊景點，在出門前，你會先上網規劃路線，看看哪些路線適合你們的行程，以及哪一種交通工具最好，接下來就可以按照計畫出發。簡單來說，這種計畫與考量過程就是運算思維，按照計畫逐步執行就是一種演算法，就如同我們把一件看似複雜的事情，用容易理解的方式來處理，這樣就是具備將問題程式化的能力。以下就是規劃高雄一日遊的簡單運算思維範例：

【規劃高雄一日遊過程也算一種運算思維的應用】

　　我們可以這樣形容：「學程式設計不等於學運算思維，然而程式設計的過程，就是一種運算思維的表現，而且學好運算思維，透過程式設計絕對是最佳的途徑。」程式語言本來就只是工具，從來都不是重點，沒有最好的程式語言，只有是否合適的程式語言，學習程式的目標絕對不是要將每個學習者都訓練成專業的程式設計師，而是能培養學習者具備運算思維的程式腦。

1-1-1 運算思維簡介

2006 年美國卡內基梅隆大學 Jeannette M. Wing 教授首度提出了「運算思維」的概念，提到運算思維是現代人的基本技能，所有人都應該積極學習，隨後 Google 也為教育者開發一套運算思維課程（Computational Thinking for Educators）。這套課程提到培養運算思維的四個面向，分別是拆解（Decomposition）、模式識別（Pattern Recognition）、歸納與抽象化（Pattern Generalization and Abstraction）及演算法（Algorithm），雖然這並不是建立運算思維唯一的方法，不過透過這四個面向我們能更有效率地發想，利用運算方法與工具解決問題的思維能力，進而從中建立運算思維。

訓練運算思維的過程中，其實就養成了學習者用不同角度，以及現有資源解決問題的能力，能針對系統與問題提出思考架構的思維模式，正確地使用這四個方式，並可以運用既有的知識或工具，找出解決艱難問題的方法，而學習程式設計，就是要將這四種面向，有系統的學習與組合，並使用電腦來協助解決問題，接下來請看說明。

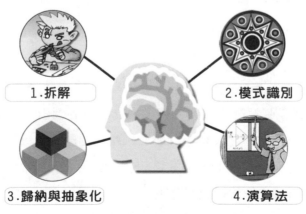

【運算思維的四個步驟示意圖】

1-1-2　拆解

許多人在編學程式或解決問題時，往往因為不知道從何拆解（Decomposition）問題，而將問題想得太龐大，如果一個問題不進行拆解，肯定會較難處理。相當於將一個複雜的問題，分割成許多小問題，先將這些小問題各個擊破；小問題全部解決之後，原本的大問題也就解決了。

例如一台電腦故障了，如果將整台電腦逐步拆解成較小的部分，每個部分進行各種元件檢查，就容易找出問題的所在，或一位警察在思考如何破案時，也習慣將複雜問題細分成許多小問題。或者習慣寫程式的人在遇到問題時，通常會開始考慮所有可能性，把步驟逐步拆解後，久而久之，這樣的邏輯就變成他的思考模式了。

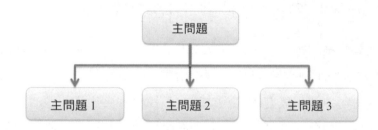

1-1-3　模式識別

當將一個複雜的問題分解之後，我們常常能發現小問題中有共有的屬性以及相似之處，運算思維當中，這些屬性就稱為「模式」（Pattern）。模式識別（Pattern Recognition）是指在一堆資料中找出特徵（Feature）或規則（Rule），用來將資料進行辨識與分類，做為決策的判斷。解決問題的過程中找到模式是非常重要的，將每個小問題分別檢視，模式可以讓問題的解決更簡化，當問題共享特徵時，他們能夠被更簡單的解決，因為當共通模式存在時，我們可以用相同方法去解決這類問題。

　　例如目前常見的生物辨識技術就是指利用人體的型態、構造等生理特徵（Physiological Characteristics）以及行為特徵（Behavior Characteristics）作為根據，透過光學、聲學、生物感測等高科技設備密切結合，來進行對個人身份辨認（Identification 或 Recognition）與身份驗證（Verification）的技術。例如指紋辨識（Fingerprint Recognition）系統，以機器讀取指紋樣本，將樣本存入資料庫中，然後指紋特徵與資料庫進行對比與驗證，而臉部辨識技術則是透過攝影機擷取人臉部的特徵與五官，再經過演算法確認，可以從複雜背景中判斷出特定人物的臉孔特徵。

【指紋辨識系統的應用已經相當普遍】

圖片來源：**http://www.alsafitech.com/product/access-control**

1-1-4 歸納與抽象化

歸納與抽象化（Pattern Generalization and Abstraction）在於過濾以及忽略掉不必要的特徵，讓我們可以集中在重要的特徵上，幫助將問題具體化，通常這個過程開始會收集許多的資料，藉由歸納與抽象化，把特殊性以及無法幫助解決問題的模式去掉，留下相關以及重要的共同屬性過程，直到讓我們建立一個通用的問題以及怎麼解決的規則。

由於「抽象化」沒有固定的模式，它會隨著需要或實際狀況而有不同。譬如把一台車子抽象化，每個人都有各自的拆解方式，像是車商業務員與修車技師對車子抽象化的結果可能就會有差異。

車商業務員：輪子、引擎、方向盤、煞車、底盤。

修車技師：引擎系統、底盤系統、傳動系統、煞車系統、懸吊系統。

1-1-5 演算法

演算法是運算思維四個基石的最後一個，不但是人類利用電腦解決問題的技巧之一，也是程式設計領域中最重要的關鍵，常常被使用為設計電腦程式的第一步，演算法就是一種計畫，每一個指示與步驟都是經過評估的，這個計畫裡面包含解決問題的每一個步驟跟指示。

特別是在今天，演算法與大數據的合作下，開始進行起各式各樣的運用，例如當你打電話去某個信用卡客服中心，很可能就先經過演算法的過濾，而找了最對你胃口的客服人員來與你交談，透過大數據分析資料，店家還能進一步了解產品購買和需求的族群是哪些人，甚至一些知名企業在面試過程中也必須測驗新進人員演算法的程度。

【大企業面試也必須測驗演算法程度】

 科技新知，不可不知

大數據（又稱大資料、海量資料，big data），由 IBM 於 2010 年提出，是指在一定時效（Velocity）內進行大量（Volume）且多元性（Variety）資料的取得、分析、處理、保存等動作，主要特性包含三種層面：大量性、速度性及多樣性。在維基百科的定義，大數據是指無法使用一般常用軟體在可容忍時間內進行擷取、管理及處理的大量資料，我們可以這麼簡單解釋：大數據其實是巨大資料庫加上處理方法的一個總稱，就是一套有助於企業組織大量蒐集、分析各種數據資料的解決方案。

1-2　生活中到處都是演算法

日常生活中也有許多工作都可以利用演算法來描述，例如員工的工作報告、寵物的飼養過程、廚師準備美食的食譜、學生的功課表等，甚至於連我們平時經常使用的搜尋引擎都必須藉由不斷更新演算法來運作。

在韋氏辭典中將演算法定義為：「在有限步驟內解決數學問題的程式。」如果運用在計算機領域中，我們也可以把演算法定義成：「為了解決某一個工作或問題，所需要有限數目的機械性或重覆性指令與計算步驟。」

1-2-1 演算法的條件

在電腦裡演算法更是不可或缺的一環，當各位認識了演算法的定義後，我們還要說明描述演算法所必須符合的五個條件。

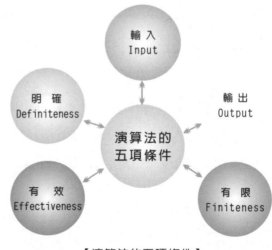

【演算法的五項條件】

演算法特性	內容與說明
輸入（Input）	0 個或多個輸入資料，這些輸入必須有清楚的描述或定義。
輸出（Output）	至少會有一個輸出結果，不可以沒有輸出結果。
明確性（Definiteness）	每一個指令或步驟必須是簡潔明確而不含糊的。
有限性（Finiteness）	在有限步驟後一定會結束，不會產生無窮迴路。
有效性（Effectiveness）	步驟清楚且可行，能讓使用者用紙筆計算而求出答案。

接著再思考該用什麼方法來表達演算法最為適當呢？其實演算法的主要目的是提供給人們了解所執行的工作流程與步驟，學習如何解決事情的辦法，只要能夠清楚表現演算法的五項特性即可。常用的演算法有一般文字敘述，如中文、英文、數字等，特色是使用文字或語言敘述來說明演算步驟，右圖為學生小華早上上學並買早餐的簡單文字演算法。

小華早上去上學　今天天氣很好

走進早餐店

叫了一份精緻的漢堡大餐

科技新知，不可不知

虛擬語言（Pseudo-Language）是接近高階程式語言的寫法，也是一種不能直接放進電腦中執行的語言。一般都需要一種特定的前置處理器（preprocessor），或者用手寫轉換成真正的電腦語言，經常使用的有 SPARK、PASCAL-LIKE 等語言。

流程圖（Flow Diagram）也是一種相當通用的演算法表示法，必須使用某些圖形符號。例如請您輸入一個數值，並判別是奇數或偶數。

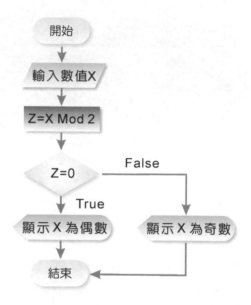

> **TIPS** 演算法和程式有什麼不同，因為程式不一定要滿足有限性的要求，如作業系統或機器上的運作程式。除非當機，否則永遠在等待迴路（waiting loop），這也違反了演算法五大原則之一的「有限性」。

圖形也是一種表示方式，如陣列、樹狀圖、矩陣圖等，以下是是井字遊戲的某個決策區域，下一步是 X 方下棋，很明顯的 X 方絕對不能選擇第二層的第二個下法，因為 X 方必敗無疑，我們利用決策樹圖形來表示其演算法：

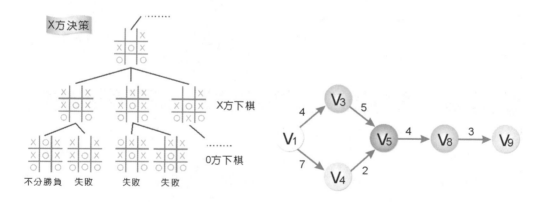

1-2-2　時間複雜度 O(f(n))

各位可能會想，該怎麼評量一個演算法的好壞呢？例如程式設計師可以就某個演算法的執行步驟計數來衡量執行時間的標準，但是同樣是兩行指令：

```
a=a+1 與 a=a+0.3/0.7*10005
```

由於涉及到變數儲存型態與運算式的複雜度，所以真正絕對精確的執行時間一定不相同。不過話又說回來，如此大費周章的去考慮程式的執行時間往往窒礙難行，而且毫無意義。這時可以利用一種「概量」的觀念來做為衡量執行時間，我們就稱為「時間複雜度」（Time Complexity）。詳細定義如下：

> 在一個完全理想狀態下的計算機中，我們定義一個 T(n) 來表示程式執行所要花費的時間，其中 n 代表資料輸入量。當然程式的執行時間或最大執行時間（Worse Case Executing Time）作為時間複雜度的衡量標準，一般以 Big-O 表示。

> 由於分析演算法的時間複雜度必須考慮它的成長比率（Rate of Growth）往往是一種函數，而時間複雜度本身也是一種「漸近表示」（Asymptotic Notation）。

O(f(n)) 可視為某演算法在電腦中所需執行時間不會超過某一常數倍的 f(n)，也就是說當某演算法的執行時間 T(n) 的時間複雜度（Time Complexity）為 O(f(n))（讀成 Big-O of f(n) 或 Order is f(n)）。亦即存在兩個常數 c 與 n_0，則若 $n \geq n_0$，則 $T(n) \leq cf(n)$，f(n) 又稱之為執行時間的成長率（rate of growth），由於是寧可高估不要低估的原則，所以估計出來的函數，是真正所需執行時間的上限。請各位多看以下範例題，就可以更了解時間複雜度的意義。

範例 **假如執行時間 T(n)=3n³+2n²+5n，求時間複雜度為何？**

解答 首先得找出常數 c 與 n_0，當 $n_0 = 0$，c=10 時，則若 n ≧ n_0 時，$3n^3 + 2n^2 + 5n ≦ 10n^3$，因此得知時間複雜度為 $O(n^3)$。

事實上，時間複雜度只是執行次數的一個概略的量度層級，並非真實的執行次數。而 Big-O 則是一種用來表示最壞執行時間的表現方式，它也是最常使用在描述時間複雜度的漸近表示法。常見的 Big-O 有下列幾種：

Big-O	特色與說明
$O(1)$	稱為常數時間（constant time），表示演算法的執行時間是一個常數倍。
$O(n)$	稱為線性時間（linear time），執行的時間會隨資料集合的大小而線性成長。
$O(\log_2 n)$	稱為次線性時間（sub-linear time），成長速度比線性時間還慢，而比常數時間還快。
$O(n^2)$	稱為平方時間（quadratic time），演算法的執行時間會乘二次方的成長。
$O(n^3)$	稱為立方時間（cubic time），演算法的執行時間會乘三次方的成長。
(2^n)	稱為指數時間（exponential time），演算法的執行時間會乘二的 n 次方成長。例如解決 Non-polynomial Problem 問題演算法的時間複雜度即為 $O(2^n)$。
$O(n\log_2 n)$	稱為線性乘對數時間，介於線性及二次方成長的中間之行為模式。

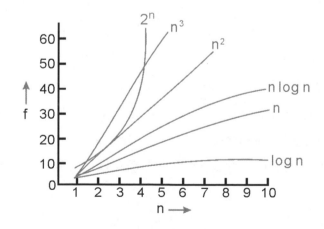

對於 n ≧ 16 時，時間複雜度的優劣比較關係如下：

```
O(1) ＜ O(log₂n) ＜ O(n) ＜ O(nlog₂n) ＜ O(n²) ＜ O(n³) ＜ O(2ⁿ)
```

1-3 程式設計邏輯簡介

　　每位程式設計師就像一位藝術家一般，都會有不同的設計邏輯，不過由於電腦是很嚴謹的科技化工具，不能像人腦一般的天馬行空，對於一位好的程式設計師而言，還是必須有某些規範，對照程式中的邏輯概念，才能讓程式碼具備可讀性與日後的可維護性。就像早期的結構化設計，到現在將傳統程式設計邏輯轉化成物件導向的設計邏輯，都是在協助程式設計師找到撰寫程式能有可依循的大方向。

1-3-1　結構化程式設計

　　在傳統程式設計的方法中，主要是以「由下而上法」與「由上而下法」為主。所謂「由下而上法」是指程式設計師將整個程式需求最容易的部份先編寫，再逐步擴大來完成整個程式。

　　「由上而下法」則是將整個程式需求從上而下、由大到小逐步分解成較小的單元，或稱為「模組」（Module），這樣使得程式設計師可針對各模組分別開發，不但減輕設計者負擔、可讀性較高，對於日後維護也容易許多。結構化程式設計的核心精神，就是「由上而下設計」與「模組化設計」。例如在 Pascal語言中，這些模組稱為「程序」（Procedure），C/C++ 語言中稱為「函數」（Function）。

　　通常「結構化程式設計」具備以下三種控制流程,對於一個結構化程式,不管其結構如何複雜,皆可利用以下基本控制流程來加以表達:

流程結構名稱	概念示意圖
【循序結構】 逐步的撰寫敘述。	
【選擇結構】 依某些條件做邏輯判斷。	
【重複結構】 依某些條件決定是否重複執行某些敘述。	

1-3-2　物件導向程式設計

物件導向程式設計（Object-Oriented Programming, OOP）的主要精神就是將存在於日常生活中舉目所見的物件（Object）概念，應用在軟體設計的發展模式（Software Development Model）。也就是說，OOP 讓各位從事程式設計時，能以一種更生活化、可讀性更高的設計觀念來進行，並且所開發出來的程式也較容易擴充、修改及維護。

現實生活中充滿了各種形形色色的物體，每個物體都可視為一種物件。我們可以透過物件的外部行為（Behavior）運作及內部狀態（State）模式，來進行詳細地描述。行為代表此物件對外所顯示出來的運作方法，狀態則代表物件內部各種特徵的目前狀況。如右圖所示。

例如今天想要自己組一部電腦，而目前你人在宜蘭，因為零件不足，你可能必須找遍宜蘭市所有的電腦零件公司，如果仍不能在宜蘭市找到所需要的零件，或許必須到台北找尋需要的設備。也就是說，一切的工作必須一步一步按照自己的計畫分別到不同的公司去找尋所需的零件。試想即使省了少許金錢成本，卻為時間成本付出相當大的代價。

但如果換一個角度來說，假使不必去理會貨源如何取得，完全交給電腦公司全權負責，事情便會單純許多。你只需填好一份配備的清單，該電腦公司便會收集好所有的零件，寄往你所交待的地方，至於該電腦公司如何取得貨源，便不是我們所要關心的事。我們要強調的觀念便在此，只要確立每一個單位是一個獨立的個體，該獨立個體有其特定之功能，而各項工作之完成，僅需在這些個別獨立的個體間作訊息（Message）交換即可。

物件導向設計的理念就是認定每一個物件是一個獨立的個體，而每個獨立個體有其特定之功能，對我們而言，無需去理解這些特定功能如何達成這個目標過程，僅須將需求告訴這個獨立個體，如果此個體能獨立完成，便可直接將此任務，交付給發號命令者。物件導向程式設計的重點是強調程式的可讀性（Readability）、重覆使用性（Reusability）與延伸性（Extension），本身還具備以下三種特性，說明如下：

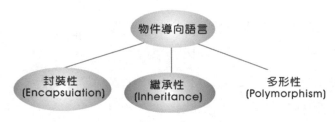

【物件導向程式設計的三種特性】

封裝

封裝（Encapsulation）是利用「類別」（class）來實作「抽象化資料型態」（ADT）。類別是一種用來具體描述物件狀態與行為的資料型態，也可以看成是一個模型或藍圖，按照這個模型或藍圖所生產出來的實體（Instance），就被稱為物件。

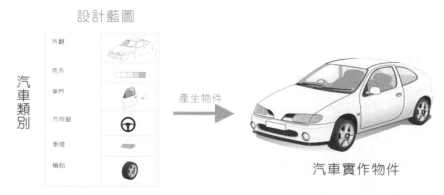

【類別與物件的關係】

所謂「抽象化」，就是將代表事物特徵的資料隱藏起來，並定義「方法」（Method）做為操作這些資料的介面，讓使用者只能接觸到這些方法，而無法直接使用資料，符合了「資訊隱藏」（Information Hiding）的意義，這種自訂的資料型態就稱為『抽象化資料型態』。相對於傳統程式設計理念，就必須掌握所有的來龍去脈，針對時效性而言，便大大地打了折扣。

繼承

繼承（inheritance）稱得上是物件導向語言中最強大的功能，因為它允許程式碼的重覆使用（Code Reusability），及表達了樹狀結構中父代與子代的遺傳現象。「繼承」則是類似現實生活中的遺傳，允許我們去定義一個新的類別來繼承既存的類別，進而使用或修改繼承而來的方法，並可在子類別中加入新的資料成員與函數成員。在繼承關係中，可以把它單純地視為一種複製（Copy）的動作。換句話說，當程式開發人員以繼承機制宣告新增類別時，它會先將所參照的原始類別內所有成員，完整地寫入新增類別之中。例如下面類別繼承關係圖所示。

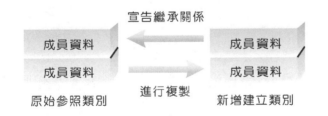

多形

多形（Polymorphism）也是物件導向設計的重要特性，可讓軟體在發展和維護時，達到充份的延伸性。多形按照英文字面解釋，就是一樣東西同時具有多種不同的型態。在物件導向程式語言中，多形的定義簡單來說是利用類別的繼承架構，先建立一個基礎類別物件。使用者可透過物件的轉型宣告，將此物件向下轉型為衍生類別物件，進而控制所有衍生類別的「同名異式」成員方法。簡單的說，多形最直接的定義就是讓具有繼承關係的不同類別物件，可以呼叫相同名稱的成員函數，並產生不同的反應結果。如下圖同樣是計算長方形及圓形的面積與周長，就必須先定義長方形以及圓形的類別，當程式要畫出長方形時，主程式便可以根據此類別規格產生新的物件，如下圖所示：

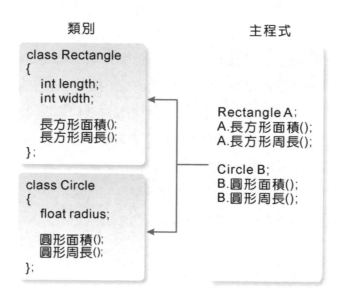

物件

物件（Object）可以是抽象的概念或是一個具體的東西包括了「資料」（Data）以及其所相應的「運算」（Operations 或稱 Methods），它具有狀態（State）、行為（Behavior）與識別（Identity）。每一個物件均有其相應的屬性（Attributes）及屬性值（Attribute values）。例如有一個物件稱為學生，「開學」是一個訊息，可傳送給這個物件。而學生有學號、姓名、出生年月日、住址、電話…等屬性，目前的屬性值便是其狀態。學生物件的運算行為則有註冊、選修、轉系、畢業…等，學號則是學生物件的唯一識別編號（Object Identity, OID）。

類別

類別（Class）是具有相同結構及行為的物件集合，是許多物件共同特徵的描述或物件的抽象化。例如小明與小華都屬於人這個類別，他們都有出生年月日、血型、身高、體重…等類別屬性。類別中的一個物件有時就稱為該類別的一個實例（Instance）。

屬性

屬性（Attribute）則是用來描述物件的基本特徵與其所屬的性質，例如：一個人的屬性可能會包括姓名、住址、年齡、出生年月日等。

方法

方法（Method）則是物件導向資料庫系統裡物件的動作與行為，我們在此以人為例，不同的職業，其工作內容也就會有所不同，例如：學生的主要工作為讀書，而老師的主要工作則為教書。

想一想，怎麼做？

1. 請問下列程式區段的迴圈部份，實際執行次數與時間複雜度。

```
for i=1 to n
    for j=i to n
        for k =j to n
        { end of k Loop }
    { end of j Loop }
{ end of i Loop }
```

2. 試證明 $f(n)=a_m n^m+...+a_1 n+a_0$，則 $f(n)=O(n^m)$。

3. 請問以下程式的 Big-O 為何？

```
total=0;
for(i=1 ; i<=n ; i++)
    total=total+i*i;
```

4. 演算法必須符合哪五項條件？

5. 如下程式片段執行後，其中 sum=sum+1 的敘述被執行次數為？

```
sum=0
for(i=-5;i<=100;i=i+7)
    sum=sum+1;
```

6. 試簡述「物件導向程式設計」（OOP）的內容。

2

地表上最常見
經典演算法

我們可以這樣形容，演算法就是用電腦來算數學的學問，能夠了解這些演算法如何運作，以及他們是怎麼樣在各層面影響我們的生活。懂得善用演算法，當然是培養程式設計邏輯的很重要步驟，許多實際的問題都有多個可行的演算法來解決，但是要從中找出最佳的解決演算法卻是一個挑戰。本節中將為各位介紹一些近年來相當知名的演算法，能幫助您更加了解不同演算法的觀念與技巧，以便日後更有能力分析各種演算法的優劣。

2-1 分治演算法

分治法（Divide and conquer）是一種很重要的演算法，我們可以應用分治法來逐一拆解複雜的問題，核心精神是將一個難以直接解決的大問題依照不同的概念，分割成兩個或更多的子問題，以便各個擊破，分而治之。以一個實際例子來說明，以下如果有 8 張很難畫的圖，我們可以分成 2 組各四幅畫來完成，如果還是覺得太複雜，繼續再分成四組，每組各兩幅畫來完成，利用相同模式反覆分割問題，這就是最簡單的分治法核心精神。如下圖所示：

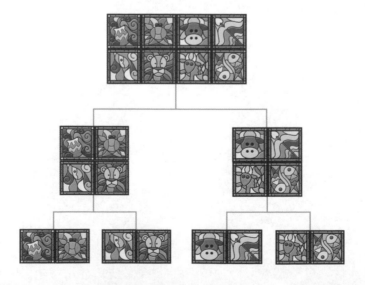

　　其實任何一個可以用程式求解的問題所需的計算時間都與其規模與複雜度有關，問題的規模越小，越容易直接求解，可以使子問題規模不斷縮小，直到這些子問題足夠簡單到可以解決，最後將各子問題的解合併得到原問題的解答。再舉個例子來說，如果你被委託製作一個計畫案的企劃書，這個企劃案有 8 個章節主題，如果只靠一個人獨立完成，不僅時間會花比較久，而且有些計畫案的內容也有可能不是自己所專長，這個時候就可以依這 8 個章節的特性分工給 2 位專員去完成。不過為了讓企劃更快完成，又能找到適合的分類，再分別將其分割成 2 章，並分配給更多不同的專員，如此一來，每位專員只需負責其中 2 個章節，經過這樣的分配，就可以將原先的大企劃案簡化成 4 個小專案，並委託 4 位專員去完成。以此類推，上述問題解決方案的示意圖如下：

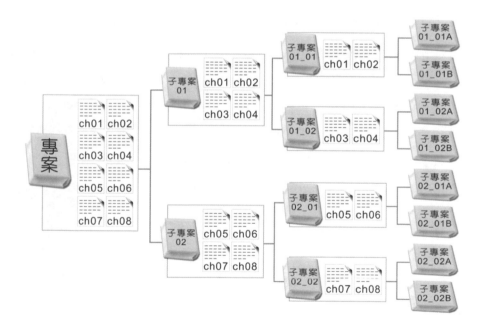

　　分治法還可以應用在數字的分類與排序上，如果要以人工的方式將散落在地上的輸出稿，依第 1 頁整理排序到第 100 頁。你可以有兩種作法，一種作法是逐一撿起輸出稿，並插入到適當的頁碼順序。但缺點是排序及整理的過程繁雜，而且較為花時間。

　　此時，我們就可以應用分治法的作法，先行將頁碼 1 到頁碼 10 放在一起，頁碼 11 到頁碼 20 放在一起，以此類推，將頁碼 91 到頁碼 100 放在一起，也就是說，將原先的 100 頁分類 10 個頁碼區間，然後再分別針對 10 堆頁碼去進行整理，最後再由頁碼小到大的群組合併起來，就可以輕易回復到原先的稿件順序，透過分治法可以讓原先複雜的問題，變成規則更簡單、數量更少、速度加速且更容易輕易解決的小問題。

2-2　遞迴演算法

　　遞迴是一種很特殊的演算法，分治法和遞迴法很像一對學生兄弟，都是將一個複雜的演算法問題，讓規模越來越小，最終使子問題容易求解，原理就是分治法的精神。遞迴在早期人工智慧所用的語言。如 Lisp、Prolog 幾乎都是整個語言運作的核心，現在許多程式語言，包括 C、C++、Java、Python 等，都具備遞迴功能。簡單來說，對程式設計師的實作而言，「函數」（或稱副程式）不單純只是能夠被其他函數呼叫（或引用）的程式單元，某些語言還提供了自身引用的功能，這種功用就是所謂的「遞迴」。

　　從程式語言的角度來說，談到遞迴的正式定義，我們可以正式這樣形容，假如一個函數或副程式，是由自身所定義或呼叫的，就稱為遞迴（Recursion），它至少要定義 2 種條件，包括一個可以反覆執行的遞迴過程，與一個跳出執行過程的出口。

> **TIPS**　**尾歸遞迴**（Tail Recursion）就是程式的最後一個指令為遞迴呼叫，因為每次呼叫後，再回到前一次呼叫的第一行指令就是 return，所以不需要再進行任何計算工作。

2-2-1 階乘函數演算法

我們知道階乘函數是數學上很有名的函數,對遞迴式而言,也可以看成是很典型的範例,我們一般以符號 "!" 來代表階乘。如 4 階乘可寫為 4!,n! 可以寫成:

```
n!=n*(n-1)*(n-2)……*1
```

再進一步分解它的運算過程,觀察出一定的規律性:

```
5! = (5 * 4!)
   = 5 * (4 * 3!)
   = 5 * 4 * (3 * 2!)
   = 5 * 4 * 3 * (2 * 1)
   = 5 * 4 * (3 * 2)
   = 5 * (4 * 6)
   = (5 * 24)
   = 120
```

至於 Java 的 n! 遞迴函數演算法可以寫成如下:

```
public static int fac(int n)
{
    if(n==0)  // 遞迴終止的條件
        return 1;
    else
        return n*fac(n-1);  // 遞迴呼叫
}
```

以上遞迴應用的介紹是利用階乘函數的範例來說明遞迴式的運作,在實作遞迴時,會應用到堆疊的資料結構概念,所謂堆疊(Stack)是一群相同資料型態的組合,所有的動作均在頂端進行,具「後進先出」(Last In, First Out: LIFO)的特性。

我們再來看一個很有名氣的費伯那序列（Fibonacci Polynomial）求解，首先看看費伯那序列的基本定義：

$$F_n = \begin{cases} 0 & n=0 \\ 1 & n=1 \\ F_{n-1}+F_{n-2} & n=2,3,4,5,6......（n 為正整數） \end{cases}$$

簡單來說，就是一序列的第零項是 0、第一項是 1，其他每一個序列中項目的值是由其本身前面兩項的值相加所得。從費伯那序列的定義，也可以嘗試把它設計轉成遞迴形式：

```java
public static int Fibonacci(int n)
{
    if (n==0)        // 第 0 項為 0
        return (0) ;
    else if (n==1) // 第 1 項為 1
        return (1) ;
    else
        return( Fibonacci(n-1)+Fibonacci(n-2));
        // 遞迴呼叫函數第 n 項為 n-1 跟 n-2 項之和
}
```

📋 **範例 Fib.java** | 請以 Java 來設計一個計算第 n 項費伯那序列的遞迴程式。

```java
01  // 堆疊的應用 - 費氏級數
02  import java.io.*;
03  class Fib
04  {
05     public static void main(String args[]) throws IOException
06     {
07         int num;
08         String str;
09         BufferedReader buf;
10         buf=new BufferedReader(new InputStreamReader(System.in));
11         System.out.print(" 使用遞迴計算費氏級數 \n");
12         System.out.print(" 請輸入一個整數 :");
```

```
13      str=buf.readLine();
14      num=Integer.parseInt(str);
15      if (num<0)
16          System.out.print(" 輸入數字必須大於 0\n");
17      else
18          System.out.print("Fibonacci("+num+")="+Fibonacci(num)+"\n") ;
19      }
20      public static int Fibonacci(int n)
21      {
22      if (n==0)        // 第 0 項為 0
23          return (0) ;
24      else if (n==1) // 第 1 項為 1
25          return (1) ;
26      else
27          return( Fibonacci(n-1)+Fibonacci(n-2));
28      // 遞迴呼叫函數 第 N 項為 n-1 跟 n-2 項之和
29      }
30  }
```

執行結果

```
D:\Java\ch02>java Fib.java
使用遞迴計算費氏級數
請輸入一個整數:5
Fibonacci(5)=5

D:\Java\ch02>
```

2-3　分治法的麻吉兄弟 - 動態規劃演算法

　　動態規劃演算法（Dynamic Programming Algorithm, DPA）十分類似分治法，由 20 世紀 50 年代初美國數學家 R. E. Bellman 所發明，用來研究多階段決策過程的優化過程與求得一個問題的最佳解。動態規劃演算法主要的做法是如果一個問題答案與子問題相關的話，就能將大問題拆解成各個小問題，其中與分治法最大不同的地方是可以讓每一個子問題的答案被儲存起來，以供下次求解時直接取用。這樣的作法不但能減少再次需要計算的時間，並將這些解組合成大問題的解答，故使用動態規劃則可以解決重覆計算的缺點。

動態規劃算是分治法的延伸，當遞迴分割出來的問題，一而再、再而三出現，就運用記憶法儲存這些問題的，與分治法不同的地方在於，動態規劃多使用了記憶（memorization）的機制，將處理過的子問題答案記錄下來，避免重複計算。

例如前面費伯那數列是用類似分治法的遞迴法，如果改用動態規劃寫法，已計算過資料而不必計算，也不會再往下遞迴，會達到增進效能的目的，例如我們想求取第 4 個費伯那數 Fib(4)，它的遞迴過程可以利用以下圖形表示：

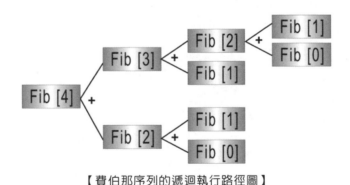

【費伯那序列的遞迴執行路徑圖】

從路徑圖中可以得知遞迴呼叫 9 次，而執行加法運算 4 次，Fib(1) 執行了 3 次，浪費了執行效能，我們依據動態規劃法的精神，依照這演算法可以繪製出如下的示意圖：

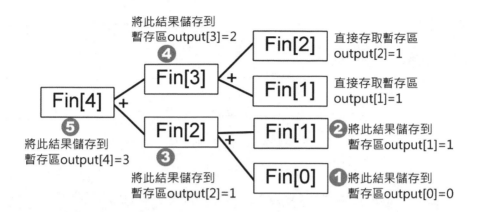

我們依據動態規劃法的精神，演算法可以修改如下：

```java
public static int output[] =new int[1000]; //fibonacci 的暫存區

public static int fib(int n)
{
    int result;
    result=output[n];
    if (result==0)
    {
        if(n==0)
            return 0;
        if(n==1)
            return 1;
        else
            return (fib(n-1)+fib(n-2));
    }
    output[n]=result;
    return result;
}
```

2-4 不斷繞圈的疊代演算法

疊代法（iterative method）是無法使用公式一次求解，而須反覆運算，例如用迴圈去循環重複程式碼的某些部分來得到答案。

範例 Fac.java | 請利用 for 迴圈設計一個計算 1!~n! 的遞迴程式。

```java
01  import java.io.*;
02  class Fac
03  {
04
05      public static void main(String args[]) throws IOException
06      {
07          int sum=1;
08
09          java.util.Scanner input_obj=new java.util.Scanner(System.in);
10          System.out.print(" 請從鍵盤輸入 n= ");
11          int n =input_obj.nextInt();
12
13          // 以 for 迴圈計算 n!
14          for(int i=1;i<n+1;i++){
15              for (int j=i;j>0;j--)
16                  sum=sum*j;    // sum=sum*j
17              System.out.println(i+"!="+sum);
18              sum=1;
19          }
20      }
21  }
```

執行結果

```
D:\Java\ch02>java Fac.java
請從鍵盤輸入n= 8
1!=1
2!=2
3!=6
4!=24
5!=120
6!=720
7!=5040
8!=40320

D:\Java\ch02>
```

上述的例子是一種固定執行次數的疊代法，當遇到一個問題，無法一次以公式求解，又不確定要執行多少次數時，就可以使用 while 迴圈。

while 迴圈必須自行加入控制變數起始值以及遞增或遞減運算式，撰寫迴圈程式時必須檢查離開迴圈的條件是否存在，如果條件不存在會讓迴圈一直循環執行而無法停止，導致「無窮迴圈」。迴圈結構通常需要具備三個要件：

① **變數初始值**

② **迴圈條件式**

③ **調整變數增減值**

例如下面的程式：

```
i=1;
while (i < 10) {
    // 迴圈條件式
    System.out.println(i);
    i += 1;    // 調整變數增減值
}
```

當 i 小於 10 時會執行 while 迴圈內的敘述，所以 i 會加 1，直到 i 等於 10，條件式為 False，就會跳離迴圈了。

2-4-1　巴斯卡三角形演算法

巴斯卡（Pascal）三角形演算法基本上就是計算出每一個三角形位置的數值。在巴斯卡三角形上的每一個數字各對應一個 $_rC_n$，其中 r 代表 row（列），而 n 為 column（欄），其中 r 及 n 都由數字 0 開始。巴斯卡三角形如下：

$$_0C_0$$

$$_1C_0 \ _1C_1$$

$$_2C_0 \ _2C_1 \ _2C_2$$

$$_3C_0 \ _3C_1 \ _3C_2 \ _3C_3$$

$$_4C_0 \ _4C_1 \ _4C_2 \ _4C_3 \ _4C_4$$

巴斯卡三角形對應的數據如下圖所示：

至於如何計算三角形中的 $_rC_n$，各位可以使用以下的公式：

```
rC0=1
rCn=rCn-1*(r-n+1)/n
```

上述兩個式子所代表的意義是每一列的第 0 欄的值一定為 1。例如：$_0C_0=1$、$_1C_0=1$、$_2C_0=1$、$_3C_0=1\cdots$以此類推。

一旦每一列的第 0 欄元素的值為數字 1 確立後，該列的每一欄的元素值，都可以由同一列前一欄的值，依據底下公式計算得到：

```
rCn=rCn-1*(r-n+1)/n
```

舉例來說：

❶ 第 0 列巴斯卡三角形的求值過程：

當 r=0，n=0，即第 0 列 (row=0)、第 0 欄 (column=0)，所對應的數字為 0。

此時的巴斯卡三角形外觀如下：

1

❷ 第 1 列巴斯卡三角形的求值過程：

當 r=1，n=0，代表第 1 列第 0 欄，所對應的數字 $_1C_0=1$。

當 r=1，n=1，即第 1 列 (row=1)、第 1 欄 (column=1)，所對應的數字 $_1C_1$。

請代入公式 $_rC_n=_rC_{n-1}*(r-n+1)/n$：（其中 r=1，n=1）

可以推衍出底下的式子：

```
₁C₁=₁C₀*(1-1+1)/1=1*1=1
```

得到的結果是 $_1C_1=1$

此時的巴斯卡三角形外觀如下：

```
    1
  1   1
```

❸ 第 2 列巴斯卡三角形的求值過程：

依上述計算每一列中各元素值的求值過程，可以推得 $_2C_0=1$、$_2C_1=2$、$_2C_2=1$。

此時的巴斯卡三角形外觀如下：

```
      1
    1   1
  1   2   1
```

❹ 第 3 列巴斯卡三角形的求值過程：

依上述計算每一列中各元素值的求值過程，可以推得 $_3C_0=1$、$_3C_1=3$、$_3C_2=3$、$_3C_3=1$。

此時的巴斯卡三角形外觀如下：

```
            1
        1       1
    1       2       1
1       3       3       1
```

同理，可以陸續推算出第 4 列、第 5 列、第 6 列、…等所有巴斯卡三角形各列的元素。

2-5 人人都有份的枚舉演算法

枚舉法，又稱為窮舉法，是一種常見的數學方法，在數量關係中也是一種比較基礎的方法，算是在日常中使用到最多的演算法，核心思想就是當我們發現題目中並沒有用到我們所學的公式或者方程式時，根據問題要求，一一枚舉出所有問題的解答，最終達到解決整個問題的目的，枚舉演算法的最大缺點就是速度太慢。

例如我們想將 A 與 B 兩字串連接起來，也就是將 B 字串接到 A 字串後方，就是利用將 B 字串的每一個字元，從第一個字元開始逐步連結到 A 字串的最後一個字元。

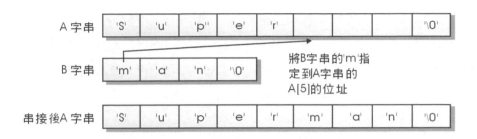

再來看一個例子，當某數 1000 依次減去 1,2,3... 直到哪一數時，相減的結果開始為負數，這是很單純的枚舉法應用，只要依序減去 1,2,3,4,5,6,....?

1000-1-2-3-4-5-6....? ＜ 0

用 Java 寫成的演算法如下：

```
x=1;
num=1000;
while (num>=0) { //while 迴圈
    num-=x;
    x=x+1;
}
System.out.println(x-1);
```

簡單來說，枚舉法的核心概念就是將要分析的項目在不遺漏的情況下逐一枚舉列出，再從所枚舉列出的項目中去找到自己所需要的目標物。我們再舉一個例子來加深各位的印象，如果你希望列出 1 到 500 間的所有 5 的倍數的整數，以枚舉法的作法就是 1 開始到 500 逐一列出所有的整數，並一邊枚舉，一邊檢查該枚舉的數字是否為 5 的倍數，如果不是，不加以理會，如果是，則加以輸出。如果以 Java 語言來示範，其演算法如下：

```
for (int num=1; num<501; num++)
    if (num % 5 ==0 )
        System.out.println(num+" 是 5 的倍數 ");
```

接下來所舉的例子也很有趣，我們把 3 個相同的小球放入 A，B，C 三個小盒中，請問共有多少種不同的放法？分析枚舉法的關鍵是分類，本題分類的方法有很多，如可以分成這樣三類：3 個球放在一個盒子裡，2 個球放在一個盒子裡，另一個球放一個盒子裡，3 個球分 3 個盒子放。

第一類：3 個球放在一個盒子裡，會有以下三種可能性：

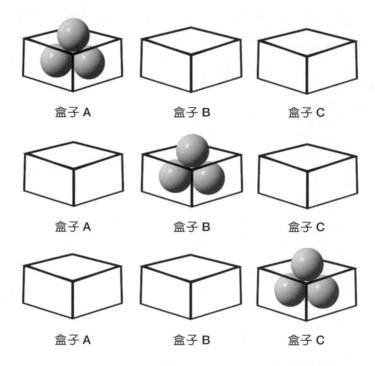

第二類：2 個球放在一個盒子裡，另一個球放一個盒子裡，會有以下六種可能性：

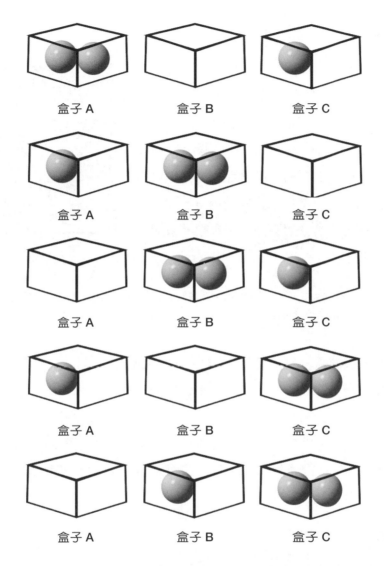

第三類：3 個球分 3 個盒子放，會有以下一種可能性：

依據枚舉法的精神共找出上述 10 種方式。

2-5-1 質數求解演算法

所謂質數是一種大於 1 的數，除了自身之外，無法被其他整數整除的數，例如：2,3,5,7, 11,13,17,19,23,.....。如何快速出質數，在此特別推薦 Eratosthenes 求質數方法。首先假設要檢查的數是 N，接著請依下列的步驟說明，就可以判斷數字 N 是否為質數？在求質數中過程，可以適時運用一些技巧以減少迴圈的檢查次數，來加速質數的判斷工作。

除了判斷一個數是否為質數外，另外一個衍生的問題就是如何求出小於 N 的所有質數？在此也會一併說明。

要求質數很簡單，這個問題可以使用迴圈將數字 N 除以所有小於它的數，若可以整除就不是質數，而且只要檢查至 N 的開根號就可以了。這是因為如果 N=A*B，如果 A 大於 N 的開根號，但在小於 A 之前就已先檢查過 B 這個數。由於開根號常會碰到浮點數精確度的問題，因此為了讓迴圈檢查的速度加快，也可以使用整數 i 及 i * i <= N 的判斷式來決定要檢查到哪一個數就停止。

2-6 不對就回頭的回溯法

回溯法（Backtracking）也算是枚舉法中的一種，對於某些問題而言，回溯法是一種可以找出所有（或一部分）解的一般性演算法，是隨時避免枚舉不正確的數值，一旦發現不正確的數值，就不遞迴至下一層，而是回溯至上一層來節省時間,這種走不通就退回再走的方式。主要是在搜尋過程中尋找問題的解,當發現已不滿足求解條件時,就回溯返回,嘗試別的路徑,避免無效搜索。

例如老鼠走迷宮就是一種回溯法(Backtracking)的應用,老鼠走迷宮問題的陳述是假設把一隻大老鼠被放在一個沒有蓋子的大迷宮盒的入口處,盒中有許多牆使得大部份的路徑都被擋住而無法前進。老鼠可以依照嘗試錯誤的方法找到出口。不過這老鼠必須具備走錯路時就會重來一次並把走過的路記起來,避免重複走同樣的路,就這樣直到找到出口為止。簡單說來,老鼠行進時,必須遵守以下三個原則:

①　一次只能走一格。

②　遇到牆無法往前走時,則退回一步找找看是否有其他的路可以走。

③　走過的路不會再走第二次。

在建立走迷宮程式前,我們先來了解如何在電腦中表現一個模擬迷宮的方式。這時可以利用二維陣列 MAZE[row][col],並符合以下規則:

```
MAZE[i][j]=1    表示 [i][j] 處有牆,無法通過
         =0    表示 [i][j] 處無牆,可通行
MAZE[1][1] 是入口,MAZE[m][n] 是出口
```

下圖就是一個使用 10*12 二維陣列的模擬迷宮地圖表示圖:

【迷宮原始路徑】

```
            1 1 1 1 1 1 1 1 1 1 1 1
入口 ────→ 1 (0) 0 0 1 1 1 1 1 1 1 1
            1 1 1 0 1 1 0 0 0 0 1 1
            1 1 1 0 1 1 0 1 1 0 1 1
            1 1 0 0 0 0 1 1 0 1 1
            1 1 0 1 1 0 1 1 0 1 1
            1 1 0 1 1 0 1 1 0 1 1
            1 1 1 1 1 1 0 1 1 0 1 1
            1 1 0 0 0 0 0 0 1 0 (0) ←─── 出口
            1 1 1 1 1 1 1 1 1 1 1 1
```

假設老鼠由左上角的 MAZE[1][1] 進入，由右下角的 MAZE[8][10] 出來，老鼠目前位置以 MAZE[x][y] 表示，那麼我們可以將老鼠可能移動的方向表示如下：

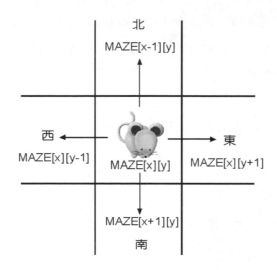

如上圖所示，老鼠可以選擇的方向共有四個，分別為東、西、南、北。但並非每個位置都有四個方向可以選擇，必須視情況來決定，例如 T 字型的路口，就只有東、西、南三個方向可以選擇。

我們可以利用鏈結串列來記錄走過的位置，並且將走過的位置的陣列元素內容標示為 2，然後將這個位置放入堆疊再進行下一次的選擇。如果走到死巷子並且還沒有抵達終點，那麼就必退出上一個位置，並退回去直到回到上一個叉路後再選擇其他的路。由於每次新加入的位置必定會在堆疊的最末端，因此堆疊末端指標所指的方格編號，便是目前搜尋迷宮出口的老鼠所在的位置。如此一直重覆這些動作直到走到出口為止。如下圖是以小球來代表迷宮中的老鼠：

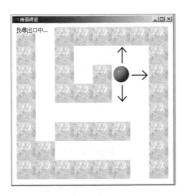
【在迷宮中搜尋出口】

【終於找到迷宮出口】

上述迷宮搜尋的概念，可利用以下演算法來加以描述：

```
01   if(上一格可走)
02   {
03       加入方格編號到堆疊;
04       往上走;
05       判斷是否為出口;
06   }
07   else if(下一格可走)
08   {
09       加入方格編號到堆疊;
10       往下走;
11       判斷是否為出口;
12   }
13   else if(左一格可走)
14   {
15       加入方格編號到堆疊;
16       往左走;
17       判斷是否為出口;
18   }
19   else if(右一格可走)
20   {
21       加入方格編號到堆疊;
22       往右走;
23       判斷是否為出口;
24   }
25   else
26   {
27       從堆疊刪除一方格編號;
28       從堆疊中取出一方格編號;
29       往回走;
30   }
```

　　上面的演算法是每次進行移動時所執行的內容，其主要是判斷目前所在位置的上、下、左、右是否有可以前進的方格，若找到可移動的方格，便將該方格的編號加入到記錄移動路徑的堆疊中，並往該方格移動，而當四週沒有可走的方格時（第 25 行），也就是目前所在的方格無法走出迷宮，必須退回前一格重新再來檢查是否有其他可走的路徑，所以在上面演算法中的第 27 行會將目前所在位置的方格編號從堆疊中刪除，之後第 28 行再取出的就是前一次所走過的方格編號。

範例 TraceRecord.java ┃ 迷宮問題的 **Java** 程式實作。

```
01    // 記錄老鼠迷宮的行進路徑
02
03    class Node
04    {
05        int x;
06        int y;
07        Node next;
08        public Node(int x,int y)
09        {
10            this.x=x;
11            this.y=y;
12            this.next=null;
13        }
14    }
15    public class TraceRecord
16    {
17        public Node first;
18        public Node last;
19        public boolean isEmpty()
20        {
21            return first==null;
22        }
23        public void insert(int x,int y)
24        {
25            Node newNode=new Node(x,y);
26            if(this.isEmpty())
27            {
28                first=newNode;
29                last=newNode;
30            }
```

```
31          else
32          {
33              last.next=newNode;
34              last=newNode;
35          }
36      }
37
38      public void delete()
39      {
40          Node newNode;
41          if(this.isEmpty())
42          {
43              System.out.print("[ 佇列已經空了 ]\n");
44              return;
45          }
46          newNode=first;
47          while(newNode.next!=last)
48              newNode=newNode.next;
49          newNode.next=last.next;
50          last=newNode;
51
52      }
53 }
```

範例 Mouse.java

```
01   // 老鼠走迷宮
02
03   import java.io.*;
04   public    class Mouse
05   {
06       public static int ExitX= 8;          // 定義出口的 X 座標在第八列
07       public static int ExitY= 10;          // 定義出口的 Y 座標在第十行
08       public static int [][] MAZE= {{1,1,1,1,1,1,1,1,1,1,1,1,1},
                                          // 宣告迷宮陣列
09                                        {1,0,0,0,1,1,1,1,1,1,1,1},
10                                        {1,1,1,0,1,1,0,0,0,0,1,1},
11                                        {1,1,1,0,1,1,0,1,1,0,1,1},
12                                        {1,1,1,0,0,0,0,1,1,0,1,1},
13                                        {1,1,1,0,1,1,0,1,1,0,1,1},
14                                        {1,1,1,0,1,1,0,1,1,0,1,1},
15                                        {1,1,1,1,1,1,0,1,1,0,1,1},
16                                        {1,1,0,0,0,0,0,0,1,0,0,1},
17                                        {1,1,1,1,1,1,1,1,1,1,1,1}};
18       public static void main(String args[]) throws IOException
```

```
19          {
20              int i,j,x,y;
21              TraceRecord path=new TraceRecord();
22              x=1;
23              y=1;
24              System.out.print("[ 迷宮的路徑 (0 的部分 )]\n");
25              for(i=0;i<10;i++)
26              {
27                  for(j=0;j<12;j++)
28                      System.out.print(MAZE[i][j]);
29                  System.out.print("\n");
30              }
31              while(x<=ExitX&&y<=ExitY)
32              {
33                  MAZE[x][y]=2;
34                  if(MAZE[x-1][y]==0)
35                  {
36                      x -= 1;
37                      path.insert(x,y);
38                  }
39                  else if(MAZE[x+1][y]==0)
40                  {
41                      x+=1;
42                      path.insert(x,y);
43                  }
44                  else if(MAZE[x][y-1]==0)
45                  {
46                      y-=1;
47                      path.insert(x,y);
48                  }
49                  else if(MAZE[x][y+1]==0)
50                  {
51                      y+=1;
52                      path.insert(x,y);
53                  }
54                  else if(chkExit(x,y,ExitX,ExitY)==1)
55                      break;
56                  else
57                  {
58                      MAZE[x][y]=2;
59                      path.delete();
60                      x=path.last.x;
61                      y=path.last.y;
62                  }
63              }
64              System.out.print("[ 老鼠走過的路徑 (2 的部分 )]\n");
65              for(i=0;i<10;i++)
```

```
66            {
67                for(j=0;j<12;j++)
68                    System.out.print(MAZE[i][j]);
69                System.out.print("\n");
70            }
71        }
72
73        public static int chkExit(int x,int y,int ex,int ey)
74        {
75            if(x==ex&&y==ey)
76            {
77                if(MAZE[x-1][y]==1||MAZE[x+1][y]==1||MAZE[x][y-1]==1||MAZE[x][y+1]==2)
78                    return 1;
79                if(MAZE[x-1][y]==1||MAZE[x+1][y]==1||MAZE[x][y-1]==2||MAZE[x][y+1]==1)
80                    return 1;
81                if(MAZE[x-1][y]==1||MAZE[x+1][y]==2||MAZE[x][y-1]==1||MAZE[x][y+1]==1)
82                    return 1;
83                if(MAZE[x-1][y]==2||MAZE[x+1][y]==1||MAZE[x][y-1]==1||MAZE[x][y+1]==1)
84                    return 1;
85            }
86            return 0;
87        }
88 }
```

✎ 執行結果

```
D:\Java\ch02>javac TraceRecord.java

D:\Java\ch02>javac Mouse.java

D:\Java\ch02>java Mouse
[迷宮的路徑(0的部分)]
111111111111
100011111111
111011000011
111011011011
110000011011
111011011011
111011011011
111111011011
110000001001
111111111111
[老鼠走過的路徑(2的部分)]
111111111111
122211111111
111211222211
111211211211
111222211211
111211011211
111211011211
111111011211
110000001221
111111111111

D:\Java\ch02>_
```

2-7 給我最好，其餘免談的貪心法

貪心法（Greed Method）又稱為貪婪演算法，方法是從某一起點開始，就是在每一個解決問題步驟使用貪心原則，都採取在當前狀態下最有利或最優化的選擇，也就是每一步都不管大局的影響，只求局部解決的方法，不斷的改進該解答，持續在每一步驟中選擇最佳的方法，並且逐步逼近給定的目標，透過一步步的選擇局部最佳解來得到問題的解答。當達到某一步驟不能再繼續前進時，演算法停止，以盡可能快速地求得更好的解、幾乎可以解決大部份的最佳化問題。

貪心法的精神雖然是把求解的問題分成若干個子問題，不過不能保證求得的最後解是最佳的，貪心法的原理容易過早做決定，只能求滿足某些約束條件的可行解的範圍，不過在有些問題卻可以得到最佳解，經常用在求圖形的最小生成樹（MST）、最短路徑與霍哈夫曼編碼、機器學習等方面。

【許多大眾運輸系統都必須運用到最短路徑的理論】

科技新知，不可不知

機器學習（Machine Learning, ML）是大數據與人工智慧發展相當重要的一環，機器通過演算法來分析數據、在大數據中找到規則，機器學習是大數據發展的下一個進程，給予電腦大量的「訓練資料（Training Data）」，可以發掘多資料元變動因素之間的關聯性，進而自動學習並且做出預測，充分利用大數據和演算法來訓練機器，機器再從中找出規律，學習如何將資料分類。

霍夫曼編碼（Huffman Coding），經常用於處理資料壓縮的問題，可以根據資料出現的頻率來建構的二元霍夫曼樹。例如資料的儲存和傳輸是資料處理的二個重要領域，兩者皆和資料量的大小息息相關，而霍夫曼樹正可用來進行資料壓縮的演算法。

2-7-1 貪心法簡介

我們來看一個簡單的貪心法例子，假設你今天去便利商店買了一罐可樂，要價 24 元，付給售貨員 100 元，你希望全部找的錢都是硬幣，但又不喜歡拿太多銅板，那麼應該要如何找錢？目前的硬幣有 50 元、10 元、5 元、1 元四種，從貪心法的策略來說，應找的錢總數是 76 元，所以一開始選擇 50 元一枚，接下來就是 10 元兩枚，再來

是 5 元一枚及最後 1 元一枚，總共四枚銅板，這個結果也確實是最佳的解答。

貪心法也很適合作為前往某些旅遊景點的判斷，假如我們要從下圖中的頂點 5 走到頂點 3 最短的路徑該怎麼走才好？以貪心法來說，當然是先走到頂點 1，接著選擇走到頂點 2，最後從頂點 2 走到頂點 5，這樣的距離是 28，可是從下圖中我們發現直接從頂點 5 走到頂點 3 才是最短的距離，也就是在這種情況下，就沒辦法從貪心法規則下找到最佳的解答。

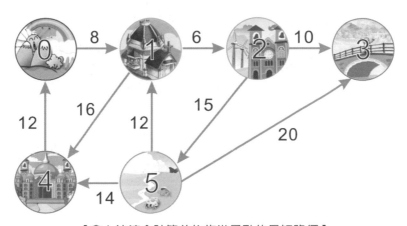

【貪心法適合計算前往旅遊景點的最短路徑】

想一想,怎麼做?

1. 試簡述分治法的核心精神。

2. 遞迴至少要定義哪兩種條件?

3. 試簡述貪心法的主要核心概念。

4. 簡述動態規劃法與分治法的差異。

5. 什麼是疊代法,請簡述之。

6. 枚舉法的核心概念是什麼?試簡述之。

7. 回溯法的核心概念是什麼?試簡述之。

3

走入資料結構
的異想世界

- 資料結構初體驗
- 超人氣資料結構簡介
- 盤根錯節的樹狀結構
- 學會藏寶圖的密技 - 圖形簡介
- 神奇有趣的雜湊表

　　人們當初試圖建造電腦的主要原因之一，主要就是用來儲存及管理一些數位化資料清單與資料，這也是最初資料結構觀念的由來。當我們要求電腦解決問題時，必須以電腦了解的模式來描述問題，資料結構是資料的表示法，也就是指電腦中儲存資料的基本架構。

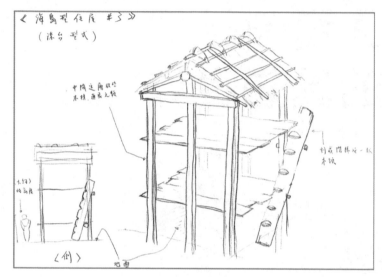

【寫程式就像蓋房子一樣，先要規劃出房子的結構圖】

　　簡單來說，資料結構的定義就是一種輔助程式設計最佳化的方法論，它不僅討論到儲存的資料與儲存資料的方法，同時也考慮到彼此之間的關係與運算，使達到讓程式加快執行速度與減少記憶體佔用空間等功用。

【圖書館的書籍管理也是一種資料結構的應用】

3-1　資料結構初體驗

在資訊科技發達的今日，我們每天的生活已經和電腦產生密切的結合，尤其電腦與資訊是息息相關的，因為電腦擁有資料處理速度快與儲存容量大的兩大特點，在資料處理的角色上更為舉足輕重。資料（Data）指的是未經處理的原始文字（Word）、數字（Number）、符號（Symbol）或圖形（Graph）等，例如姓名或我們常看到的課表、通訊錄等等都可泛稱為「資料」（Data）。

當資料經過處理（Process）過程，例如以特定的方式有系統的整理、歸納甚至進行分析後，就成為「資訊」（Information）。而這樣處理的過程就稱為「資料處理」（Data Processing）。資訊就是利用大量的資料，經過有系統的整理、分析、篩選處理而提煉出來的，是具有參考價格及提供決策依據的文字、數字、符號或圖表。

資料結構無疑就是資料進入電腦化處理的一套完整邏輯，決定了電腦中資料的順序與存放在記憶體中的位置。例如程式設計時需要存取某塊記憶體的資料時，就可直接利用變數（variable）名稱 num1 與 num2 來進行存取。如右圖所示：

記憶體位置		變數名稱
1024	30	num1
1028	77	num2

資料結構可透過程式語言所提供的資料型別、參照及其他操作加以實作，我們知道一個程式能否快速而有效率的完成預定的任務，取決於是否選對了資料結構，而程式是否能清楚而正確的把問題解決，則取決於演算法。所以各位可以直接這麼認為：「資料結構加上演算法等於有效率、可執行的程式。」

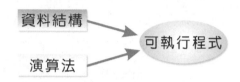

程式設計師必須選擇各種資料結構來進行資料的新增、修改、刪除、儲存等動作，當資料儲存在記憶體中，根據目的妥善結構化資料，就能提高使用效率，如果在選擇資料結構時作了錯誤的決定，那程式執行起來的速度將可能變得非常沒有效率，甚至如果選錯了資料型態，那後果更是不堪設想。

以日常生活中的醫院為例，會將事先設計好的個人病歷表格準備好，當有新病患上門時，就請他們自行填寫，之後管理人員依照某種次序，例如姓氏、年齡或電話號碼將病歷表分類，然後用資料夾或檔案櫃加以收藏。

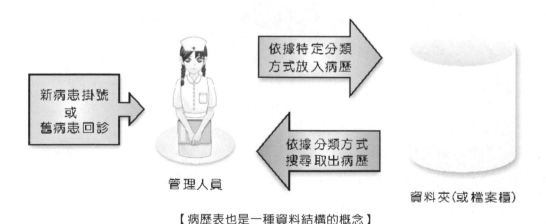

【病歷表也是一種資料結構的概念】

　　日後當某位病患回診時，只要詢問病患的姓名或是年齡。讓管理人員可以快速地從資料夾或檔案櫃中找出病患的病歷表，而這個檔案櫃中所存放的病歷表也是資料結構概念的應用。

　　基本上，資料結構主要是表示資料在電腦記憶體中所儲存的位置和模式，通常可以區分為以下三種型態。

【電腦化作業的增加，同時帶動了數位化資料的大量成長】

基本資料型態（Primitive Data Type）

　　不能以其他型態來定義的資料型態，或稱為純量資料型態（Scalar Data Type），幾乎所有的程式語言都會提供一組基本資料，例如 Java 語言中的基本資料型態，就包括了整數、浮點、布林值（boolean）資料型態及字元（char）。

結構化資料型態（Structured Data Type）

　　或稱為虛擬資料型態（Virtual Data Type），是一種比基本資料型態更高一層的資料型態，例如字串（string）、陣列（array）、指標（pointer）、串列（list）、檔案（file）等。

抽象資料型態（Abstract Data Type, ADT）

對一種資料型態而言，我們可以將其看成是一種值的集合，以及在這些值上所作的運算與本身所代表的屬性所成的集合。抽象資料型態所代表的便是定義這種資料型態所具備的數學關係。也就是說，ADT 在電腦中是表示一種「資訊隱藏」（Information Hiding）的精神與某一種特定的關係模式。例如堆疊（Stack）是一種後進先出（Last In, First Out）的資料運作方式，就是很典型的 ADT 模式。

3-2 超人氣資料結構簡介

不同種類的資料結構適合不同種類的程式應用，選擇適當的資料結構是讓演算法發揮最大效能的主要考慮因素，精心選擇的資料結構可以帶來最優效率的演算法。然而，不管是哪種情況，資料結構的選擇都是至關重要的。接下來將為各位介紹一些常見資料結構。

3-2-1 陣列

「陣列」（Array）結構就是一排緊密相鄰的可數記憶體，並提供一個能夠直接存取單一資料內容的計算方法。各位其實可以想像成住家前面的信箱，每個信箱都有住址，其中路名就是名稱，而信箱號碼就是索引。

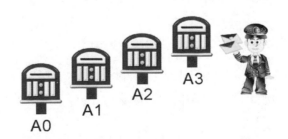

郵差可以依照信件上的住址，把信件投遞到指定的信箱中，這就好比程式語言中陣列的名稱是表示一塊緊密相鄰記憶體的起始位置，而陣列的索引功能則是用來表示從此記憶體起始位置的第幾個區塊。

陣列型態就是一種典型的靜態資料結構，是一種將有序串列的資料使用連續記憶空間（Contiguous Allocation）來儲存。靜態資料結構的記憶體配置是在編譯時，就必須配置給相關的變數，因此在建立初期，必須事先宣告最大可能的固定記憶空間，容易造成記憶體的浪費，優點是設計時相當簡單讀取與修改串列中任一元素的時間都固定，缺點則是刪除或加入資料時，需要移動大量的資料。

陣列可以算是一群相同名稱與資料型態的集合，並且在記憶體中佔有一塊連續的記憶體空間。通常陣列的使用可以區分為一維陣列、二維陣列與多維陣列等等，其基本的運作原理都相同。如果想要存取陣列中的資料時，則配合索引值（index）尋找出資料在陣列的位置。下圖中的 Array_Name 一維陣列，代表擁有 5 筆相同資料的陣列。藉由名稱 Array_Name 與索引值，即可方便的存取這 5 筆資料。如下所示：

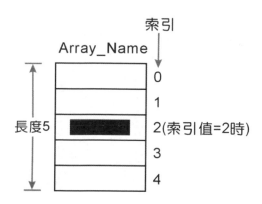

範例 **Prime.java** | 請利用一維陣列尋找與儲存範圍為 **1** 到 **MAX** 內的所有質數。

```java
01   // 一維陣列的應用：求質數
02   class Prime
03   {
04     public static void main(String args[])
05     {
06       final int MAX=300;
07       //false 為質數,true 為非質數
08       // 宣告後若沒有給定初值,其預設值為 false
09       boolean prime[]=new boolean[MAX];
10       prime[0]=true;//0 為非質數
11       prime[1]=true;//1 為非質數
12       int num=2,i;
13       // 將 1~MAX 中不是質數者,逐一過濾掉,以此方式找到所有質數
14       while(num<MAX)
15       {
16           if(!prime[num])
17           {
18               for(i=num+num;i<MAX;i+=num)
19               {
20                   if(prime[i]) continue;
21                   prime[i]=true;// 設定為 true, 代表此數為非質數
22               }
23           }
24           num++;
25       }
26       // 列印 1~MAX 間的所有質數
27       System.out.println("1 到 "+MAX+" 間的所有質數 :");
28       for(i=2,num=0;i<MAX;i++)
29       {
30           if(!prime[i])
31           {
32             System.out.print(i+"\t");
33             num++;
34           }
35       }
36       System.out.println("\n 質數總數 = "+num+" 個 ");
37     }
38   }
```

執行結果

```
1到300間的所有質數:
2         3         5         7         11        13        17        19        23        29
31        37        41        43        47                  53        59        61        67
71        73        79        83        89        97        101       103       107       109
          113       127       131       137       139       149       151       157       163
167       173       179       181       191                 193       197       199       211
223       227       229       233       239       241       251       257       263       269
          271       277       281       283       293
質數總數= 62個

D:\Java\ch03>
```

　　至於二維陣列（Two-dimension Array）可視為一維陣列的延伸，都是處理相同資料型態資料，差別只在於維度的宣告。例如一個含有 m*n 個元素的二維陣列 A(1:m, 1:n)，m 代表列數，n 代表行數，各個元素在直觀平面上的排列方式如下矩陣，A[4][4] 陣列中各個元素在直觀平面上的排列方式如下：

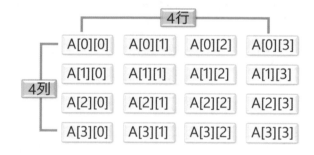

範例 Rand.java ▌ 請設計一 Java 程式，可利用二維陣列來儲存產生的亂數。亂數產生時還需要檢查號碼是否重複，即利用二維陣列的索引值特性及 while 迴圈機制做反向檢查，完成 6 個不會重複的號碼。

```
01   // 多維陣列的應用
02   import java.util.*;
03   public class Rand
04   {
05       public static void main(String[] args)
06       {
```

```
07          // 變數宣告
08          int intCreate=1000000;              // 產生亂數次數
09          int intRand;                         // 產生的亂數號碼
10          int[][] intArray=new int[2][42];// 置放亂數陣列
11          // 將產生的亂數存放至陣列
12          while(intCreate-->0)
13          {
14              intRand=(int)(Math.random()*42);
15              intArray[0][intRand]++;
16              intArray[1][intRand]++;
17          }
18          // 對 intArray[0] 陣列做排序
19          Arrays.sort(intArray[0]);
20          // 找出最大數六個數字號碼
21          for(int i=41;i>(41-6);i--)
22          {
23              // 逐一檢查次數相同者
24              for(int j=41;j>=0;j--)
25              {
26                  // 當次數符合時印出
27                  if(intArray[0][i]==intArray[1][j])
28                  {
29                      System.out.println(" 亂數號碼 "+(j+1)+" 出現 "+intArray[0]
                            [i]+" 次 ");
30                      intArray[1][j]=0; // 將找到的數值將次數歸零
31                      break;              // 中斷內迴圈，繼續外迴圈
32                  }
33              }
34          }
35      }
36  }
```

執行結果

```
D:\Java\ch03>java Rand.java
亂數號碼5出現24173次
亂數號碼42出現24144次
亂數號碼4出現24076次
亂數號碼12出現24048次
亂數號碼35出現24034次
亂數號碼33出現24028次

D:\Java\ch03>
```

　　三維陣列的表示法和二維陣列一樣，都可視為是一維陣列的延伸，如果陣列為三維陣列時，可以看作是一個立方體。以下是將 arr[2][3][4] 三維陣列想像成空間上的立方體圖形：

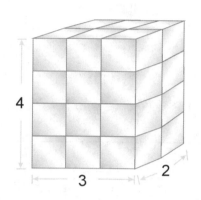

3-2-2　鏈結串列

　　鏈結串列（Linked List）是由許多相同資料型態的項目，依特定順序排列而成的線性串列，但特性是在電腦記憶體中位置是不連續、隨機（Random）的方式儲存，優點是資料的插入或刪除都相當方便。當有新資料加入就向系統要一塊記憶體空間，資料刪除後，就把空間還給系統，不需要移動大量資料。

　　日常生活中有許多鏈結串列的抽象運用，例如可以把鏈結串列想像成自強號火車，有多少人就掛多少節的車廂，當假日人多需要較多車廂時可多掛些，人少了就把車廂數量減少，作法十分彈性。

在動態配置記憶體空間時，最常使用的就是「單向鏈結串列」（Single Linked List）。基本上，一個單向鏈結串列節點由兩個欄位，即資料欄位及鏈結欄位組成，而鏈結欄位將會指向下一個元素的記憶體所在位置。如右圖所示：

| 1 | 資料欄位 |
| 2 | 鏈結欄位 |

在「單向鏈結串列」中第一個節點是「串列指標首」，而指向最後一個節點的鏈結欄位設為 null，表示它是「串列指標尾」，代表不指向任何地方。例如串列 A={a, b, c, d, x}，其單向串列資料結構如下：

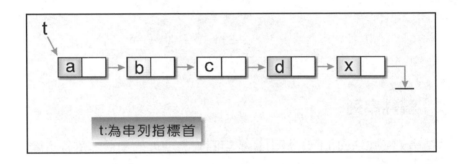

由於串列中所有節點都知道節點本身的下一個節點在哪裡，但是對於前一個節點卻是沒有辦法知道，所以在串列的各種動作中，「串列指標首」就顯得相當重要，只要有串列首存在，就可以對整個串列進行走訪、加入及刪除節點等動作，並且除非必要否則不可移動串列指標首。

3-2-3 堆疊

堆疊（Stack）是一群相同資料型態的組合，所有的動作均在頂端進行，具「後進先出」（Last In, First Out）的特性。所謂後進先出其實就如同自助餐中餐盤由桌面往上一個一個疊放，且取用時由最上面先拿，這即是典型堆疊概念的應用。

【自助餐中餐盤存取就是一種堆疊的應用】

由於堆疊是一種抽象型資料結構，具有下列特性：

① 只能從堆疊的頂端存取資料。

② 資料的存取符合「後進先出」的原則。

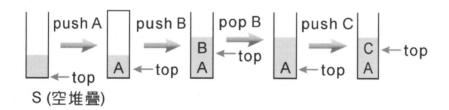

堆疊的基本運算可以具備以下五種工作定義：

create	建立一個空堆疊。
push	存放頂端資料，並傳回新堆疊。
pop	刪除頂端資料，並傳回新堆疊。
isEmpty	判斷堆疊是否為空堆疊，是則傳回 true，不是則傳回 false。
full	判斷堆疊是否已滿，是則傳回 true，不是則傳回 false。

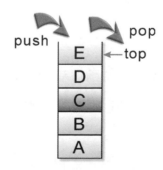

3-2-4 佇列

佇列（Queue）和堆疊都是有序串列，也屬於抽象型資料型態（ADT），它所有加入與刪除的動作都發生在不同的兩端，並且符合 "First In, First Out"（先進先出）的特性。佇列的觀念就好比搭捷運時買票的隊伍，先到的人當然可以優先買票，買完後就從前端離去準備搭捷運，而隊伍的後端又陸續有新的乘客加入排隊。

【捷運買票的隊伍就是佇列原理的應用】

佇列在電腦領域的應用也相當廣泛，例如計算機的模擬（Simulation）、CPU 的工作排程（Job Scheduling）、線上同時周邊作業系統的應用與圖形走訪的先廣後深搜尋法（BFS）。堆疊只需一個 top，指標指向堆疊頂，而佇列則必須使用 front 和 rear 兩個指標分別指向前端和尾端，如下圖所示：

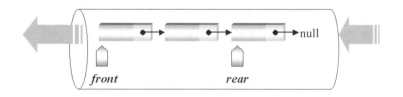

由於佇列是一種抽象型資料結構，具有下列特性：

① 具有先進先出（**FIFO**）的特性。

② 擁有兩種基本動作加入與刪除，而且使用 **front** 與 **rear** 兩個指標來分別指向佇列的前端與尾端。

佇列的基本運算具備以下五種工作定義：

create	建立空佇列。
add	將新資料加入佇列的尾端，傳回新佇列。
delete	刪除佇列前端的資料，傳回新佇列。
front	傳回佇列前端的值。
empty	若佇列為空集合，傳回真，否則傳回偽。

3-3 盤根錯節的樹狀結構

樹狀結構是一種日常生活中應用相當廣泛的非線性結構，舉凡從企業內的組織架構、家族內的族譜、籃球賽程、公司組織圖等，再到電腦領域中的作業系統與資料庫管理系統都是樹狀結構的衍生運用。

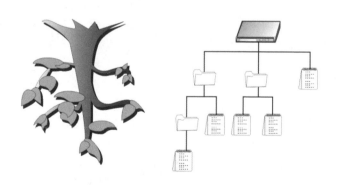

【Windows 的檔案總管是以樹狀結構儲存各種資料檔案】

例如現在年輕人喜愛的大型線上遊戲中，需要取得某些物體所在的地形資訊，如果程式是依次從構成地形的模型三角面尋找，往往會耗費許多執行時間，非常沒有效率。因此一般程式設計師就會使用樹狀結構中的二元空間分割樹（BSP tree）、四元樹（Quad tree）、八元樹（Octree）等來分割場景資料。

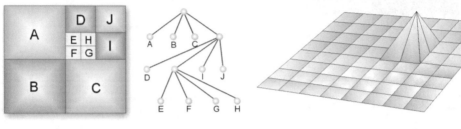

【四元樹示意圖】　　　　　　　　　【地形與四元樹的對應關係】

3-3-1　樹的基本觀念

「樹」（Tree）是由一個或一個以上的節點（Node）組成，存在一個特殊的節點，稱為樹根（Root），每個節點可代表一些資料和指標組合而成的記錄。其餘節點則可分為 n ≥ 0 個互斥的集合，即是 $T_1, T_2, T_3 \cdots T_n$，則每一個子集合本身也是一種樹狀結構及此根節點的子樹。如右圖所示。

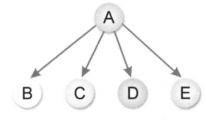

【A 為根節點，B、C、D、E 均為 A 的子節點】

一棵合法的樹，節點間可以互相連結，但不能形成無出口的迴圈。右圖就是一棵不合法的樹：

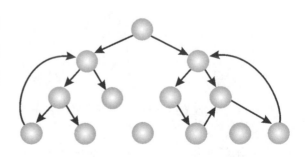

在樹狀結構中，有許多常用的專有名詞，我們利用右圖中這棵合法的樹，來為各位簡單介紹：

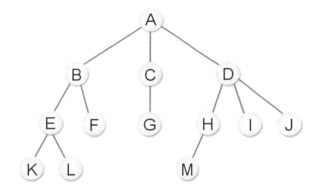

- **分支度（Degree）**：每個節點所有的子樹個數。例如像上圖中節點 B 的分支度為 2，D 的分支度為 3，F、K、I、J 等為 0。

- **階層或階度（Level）**：樹的層級，假設樹根 A 為第一階層，BCD 節點即為階層 2，E、F、G、H、I、J 為階層 3。

- **高度（Height）**：樹的最大階度。例如上圖的樹高度為 4。

- **樹葉或稱終端節點（Terminal Nodes）**：
  分支度為零的節點，如上圖中的 K、L、F、G、M、I、J，右圖則有 4 個樹葉節點，如 ECHI。

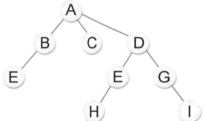

- **父節點（Parent）**：每一個節點有連結的上一層節點為父節點，例如 F 的父節點為 B，M 的父節點為 H，通常在繪製樹狀圖時，我們會將父節點畫在子節點的上方。

- **子節點（Children）**：每一個節點有連結的下一層節點為子節點，例如 A 的子節點為 B、C、D，B 的子節點為 E、F。

- **祖先（Ancestor）和子孫（Descendant）**：祖先是指從樹根到該節點路徑上所包含的節點，而子孫則是在該節點往上追溯子樹中的任一節點。例如 K 的祖先為 A、B、E 節點，H 的祖先為 A、D 節點，B 的子孫為 E、F、K、L 節點。

- **兄弟節點（Siblings）**：有共同父節點的節點為兄弟節點，例如 B、C、D 為兄弟，H、I、J 也為兄弟。

- **非終端節點（Nonterminal Nodes）**：樹葉以外的節點，如 A、B、C、D、E、H 等。

- **同代（Generation）**：具有相同階層數的節點，例如 E、F、G、H、I、J，或是 B、C、D。

- **樹林（Forest）**：是由 n 個互斥樹的集合（n ≥ 0），移去樹根即為樹林。下圖是包含三棵樹的樹林。

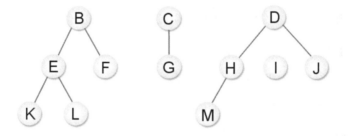

3-3-2　二元樹

由於一般樹狀結構在電腦記憶體中的儲存方式是以鏈結串列為主。不過對於 n 元樹（n-way 樹）來說，因為每個節點的分支度都不相同，所以為了方便起見，我們必須取 n 為鏈結個數的最大固定長度，而每個節點的資料結構如下：

data	link$_1$	link$_2$		link$_n$

在此請各位特別注意，那就是這種 n 元樹十分浪費鏈結空間。假設此 n 元樹有 m 個節點，那麼此樹共用了 n*m 個鏈結欄位。另外因為除了樹根外，每一個非空鏈結都指向一個節點，所以得知空鏈結個數為 n*m-(m-1)=m*(n-1)+1，而 n 元樹的鏈結浪費率為 $\frac{m*(n-1)+1}{m*n}$。因此我們可以得到以下結論：

n=2 時，2 元樹的鏈結浪費率約為 1/2

n=3 時，3 元樹的鏈結浪費率約為 2/3

n=4 時，4 元樹的鏈結浪費率約為 3/4

⋯⋯⋯⋯⋯

當 n=2 時，它的鏈結浪費率最低，所以為了改進記憶空間浪費的缺點，我們最常使用二元樹（Binary Tree）結構來取代樹狀結構。

二元樹（又稱 Knuth 樹）是一個由有限節點所組成的集合，此集合可以為空集合，或由一個樹根及左右兩個子樹所組成。簡單的說，二元樹最多只能有兩個子節點，就是分支度小於或等於 2。其電腦中的資料結構如右圖所示。

| LLINK | Data | RLINK |

至於二元樹和一般樹的不同之處，我們整理如下：

① 樹不可為空集合，但是二元樹可以。

② 樹的分支度為 d ≧ 0，但二元樹的節點分支度為 0 ≦ d ≦ 2。

③ 樹的子樹間沒有次序關係，二元樹則有。

以下就讓我們看一棵實際的二元樹，如右圖所示：

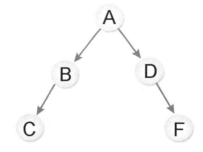

上圖是以 A 為根節點的二元樹，且包含了以
B、D 為根節點的兩棵互斥的左子樹與右子樹。

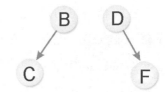

以上這兩個左右子樹都是屬於同一種樹狀結構，不過卻是二棵不同的二元
樹結構，原因是二元樹必須考慮到前後次序關係。這點請讀者特別留意。

3-4 學會藏寶圖的密技 – 圖形簡介

我們可以這樣形容：樹狀結構是描述節點
與節點之間「層次」的關係，但是圖形結構卻
是討論兩個頂點之間「相連與否」的關係，在
圖形中連接兩頂點的邊若填上加權值（也可以
稱為花費值），這類圖形就稱為「網路」。

圖形除了被活用在演算法領域中最短路徑
搜尋、拓樸排序外，還能應用在系統分析中以
時間為評核標準的計畫評核術（Performance

【圖形的應用在生活中非常普遍】

Evaluation and Review Technique, PERT），或者像一般生活中的「IC 板設計」、
「交通網路規劃」等都可以看做是圖形的應用。

圖形理論起源於 1736 年，一位瑞士數學家尤拉（Euler）為了解決「肯尼
茲堡橋樑」問題，所想出來的資料結構理論，即著名的七橋理論。簡單來說，
就是有七座橫跨四個城市的大橋。尤拉所思考的問題是這樣的：「是否有人在只
經過每一座橋樑一次的情況下，把所有地方走過一次而且回到原點。」

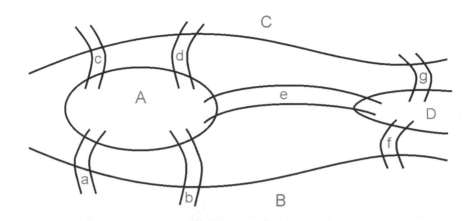

尤拉當時使用的方法就是以圖形結構進行分析。他先以頂點表示土地，以邊表示橋樑，並定義連接每個頂點的邊數稱為該頂點的分支度。我們將以下面簡圖來表示「肯尼茲堡橋樑」問題：

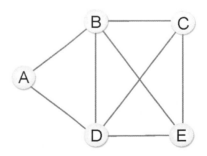

【尤拉環】

最後尤拉找到一個結論：「當所有頂點的分支度皆為偶數時，才能從某頂點出發，經過每一邊一次，再回到起點。」也就是說，上圖中每個頂點的分支度都是奇數，所以尤拉所思考的問題是不可能發生的，這個理論就是有名的「尤拉環」（Eulerian cycle）理論。

但如果條件改成從某頂點出發，經過每邊一次，不一定要回到起點，亦即只允許其中兩個頂點的分支度是奇數，其餘則必須全部為偶數，符合這樣的結果就稱為尤拉鏈（Eulerian chain）。

3-4-1 圖形的定義

圖形是由「頂點」和「邊」所組成的集合，通常用 G=(V,E) 來表示，其中 V 是所有頂點所成的集合，而 E 代表所有邊所成的集合。圖形的種類有兩種：無向圖形和有向圖形。無向圖形以 (V_1,V_2) 表示，有向圖形則以 $<V_1,V_2>$ 表示其邊線。

📢 無向圖形

無向圖形（Graph）是指具備同邊的兩個頂點沒有次序關係，例如 (V_1,V_2) 與 (V_2,V_1) 是代表相同的邊。如右圖所示：

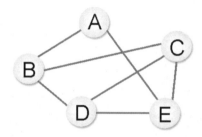

```
V={A,B,C,D,E}
E={(A,B),(A,E),(B,C),(B,D),(C,D),(C,E),(D,E)}
```

📢 有向圖形

有向圖形（Digraph）是每一個邊都可使用有序對 $<V_1,V_2>$ 來表示，並且 $<V_1,V_2>$ 與 $<V_2,V_1>$ 是表示兩個方向不同的邊，而所謂 $<V_1,V_2>$，是指 V_1 為尾端指向為頭部的 V_2。如右圖所示：

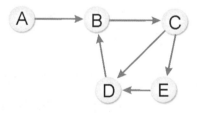

```
V={A,B,C,D,E}
E={<A,B>,<B,C>,<C,D>,<C,E>,<E,D>,<D,B>}
```

神奇有趣的雜湊表

　　雜湊表是一種儲存記錄的連續記憶體，能透過雜湊函數的應用，快速存取與搜尋資料。所謂雜湊函數（hashing function）就是將本身的鍵值，經由特定的數學函數運算或使用其他的方法，轉換成相對應的資料儲存位址。

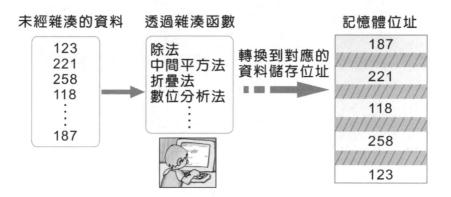

　　現在先來介紹有關雜湊函數的相關名詞：

- **bucket**（桶）：雜湊表中儲存資料的位置，每一個位置對應到唯一的一個位址（bucket address），桶就好比一筆記錄。

- **slot**（槽）：每一筆記錄中可能包含好幾個欄位，而 slot 指的就是「桶」中的欄位。

- **collision**（碰撞）：若兩筆不同的資料，經過雜湊函數運算後，對應到相同的位址時，稱為碰撞。

- **溢位**：如果資料經過雜湊函數運算後，所對應到的 bucket 已滿，則會使bucket 發生溢位。

- **雜湊表**：儲存記錄的連續記憶體。雜湊表是一種類似資料表的索引表格，其中可分為 n 個 bucket，每個 bucket 又可分為 m 個 slot，如下圖所示：

	索引	姓名	電話
bucket →	0001	Allen	07-773-1234
	0002	Jacky	07-773-5525
	0003	May	07-773-6604

↑ slot   ↑ slot

- **同義字（synonym）**：兩個識別字 I_1 及 I_2，經雜湊函數運算後所得的數值相同，即 $f(I_1)=f(I_2)$，則稱 I_1 與 I_2 對於 f 這個雜湊函數是同義字。

- **載入密度（loading factor）**：是指識別字的使用數目除以雜湊表內槽的總數：

$$\alpha \,(載入密度) = \frac{n\,(識別字的使用數目)}{s\,(每一個桶內的槽數) * b\,(桶的數目)}$$

如果 α 值愈大則表示雜湊空間的使用率越高，碰撞或溢位的機率會越高。

- **完美雜湊（perfect hashing）**：指沒有碰撞又沒有溢位的雜湊函數。

在此建議各位，通常在設計雜湊函數應該遵循下列幾個原則：

① 降低碰撞及溢位的產生。

② 雜湊函數不宜過於複雜，越容易計算越佳。

③ 儘量把文字的鍵值轉換成數字的鍵值，以利雜湊函數的運算。

④ 所設計的雜湊函數計算而得的值，儘量能均勻地分佈在每一桶中，不要太過於集中在某些桶內，這樣就可以降低碰撞，並減少溢位的處理。

想一想，怎麼做？

1. 試解釋抽象資料型態（ADT）。

2. 簡述資料與資訊的差異。

3. 資料結構主要是表示資料在電腦記憶體中所儲存的位置和模式，通常可以區分為哪三種型態？

4. 試簡述一個單向鏈結串列節點欄位的組成。

5. 請簡單說明堆疊與佇列的主要特性。

6. 何謂尤拉鏈（Eulerian chain）理論？試繪圖說明。

7. 請解釋下列雜湊函數的相關名詞。

   - bucket（桶）
   - 同義字
   - 完美雜湊
   - 碰撞

8. 一般樹狀結構在電腦記憶體中的儲存方式是以鏈結串列為主，對於 n 元樹（n-way 樹）來說，我們必須取 n 為鏈結個數的最大固定長度，請說明為了改進記憶空間浪費的缺點，我們最常使用二元樹（Binary Tree）結構來取代樹狀結構。

MEMO

新手快速學會的最夯排序演算法

排序（Sorting）演算法可說是最常使用到的一種演算法，目的是將一串不規則的數值資料依照遞增或是遞減的方式重新編排。隨著大數據和人工智慧技術（Artificial Intelligence, AI）的普及和應用，排序演算法成為非常重要的工具之一，甚至在年輕人常玩的遊戲程式設計中，就經常會利用到排序的技巧。例如在處理多邊形模型中的隱藏面消除的過程時，不管場景中的多邊形有沒有擋住其他的多邊形，只要按照從後面到前面順序的光柵化圖形就可以正確顯示所有可見的圖形，這時可以沿著觀察方向，按照多邊形的深度資訊對它們進行排序處理。

【參加比賽最重要是分出排名順序】

> **TIPS** 光柵處理的主要作用是將 3D 模型轉換成能夠被顯示於螢幕的圖像，並對圖像做修正和進一步美化處理，讓展現眼前的畫面能更為逼真與生動。
>
> 人工智慧的概念最早是由美國科學家 John McCarthy 於 1955 年提出，目標為使電腦具有類似人類學習解決複雜問題與展現思考等能力，簡單地說，人工智慧就是由電腦所模擬或執行，具有類似人類智慧或思考的行為，例如推理、規劃、問題解決及學習等能力。

4-1 看懂排序

排序功能對於電腦相關領域而言，是一種非常重要且普遍的工作。所謂「排序」，就是將一群資料按照某一個特定規則重新排列，使其具有遞增或遞減的次序關係。按照特定規則，用以排序的依據，我們稱為鍵（Key），它所含的值就稱為「鍵值」。通常鍵值資料型態有數值型態、中文字串型態及非中文字串型態三種。

如果鍵值為數值型態，在比較的過程中，則直接以數值的大小作為鍵值大小比較的依據；但如果鍵值為中文字串，則依該中文字串由左到右逐字比較，並以該中文內碼（例如：中文繁體 BIG5 碼、中文簡體 GB 碼）的編碼順序作為鍵值大小比較的依據。最後假設該鍵值為非中文字串，則和中文字串型態的比較方式類似，仍然以該字串由左到右逐字比較，不過卻以該字串的 ASCII 碼的編碼順序作為鍵值大小比較的依據。

在排序的過程中，電腦中資料的移動方式可分為「直接移動」及「邏輯移動」兩種。「直接移動」是直接交換儲存資料的位置，而「邏輯移動」並不會移動資料儲存位置，僅改變指向這些資料的輔助指標的值。

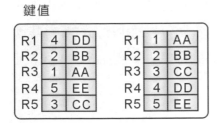

【直接移動排序】

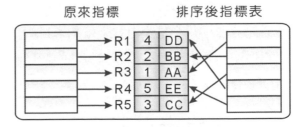

【邏輯移動排序】

兩者間優劣在於直接移動會浪費許多時間進行資料的更動，而邏輯移動只要改變輔助指標指向的位置就能輕易達到排序的目的，例如在資料庫中可在報表中顯示多筆記錄，也可以針對這些欄位的特性來分組並進行排序與彙總，這就是屬於邏輯移動，而不是真正移動實際改變檔案中的位置。基本上，資料在經過排序後，會有下列三點好處：

① 資料較容易閱讀。

② 資料較利於統計及整理。

③ 可大幅減少資料搜尋的時間。

4-1-1 排序的分類

通常排序依資料量之多寡及所使用的記憶體來區分有「內部排序」（Internal Sort）和「外部排序」（External Sort），資料量小可以全部載入記憶體（如 RAM）來進行者稱為內部排序，大部份排序屬於此類。資料量大無法全部一次載入記憶體，必須借助硬碟等輔助記憶體者稱為外部排序。

以上只是粗略的區分，其實隨著資料結構科學的進步，陸續提出了如氣泡排序法、選擇排序法、插入排序法、合併排序法、快速排序法、堆積排序法、謝耳排序法、基數排序法、直接合併排序法等等，各有其特色與應用。排序的各種演算法稱得上是資料科學這門學科的精髓所在。每一種排序方法都有其適用的情況與資料種類。排序演算法的選擇將影響到排序的結果與績效，通常可由以下幾點決定：

🔊 演算法是否穩定

穩定的排序是指資料在經過排序後，兩個相同鍵值的記錄仍然保持原來的次序，如下例中 $7_左$ 的原始位置在 $7_右$ 的左邊（所謂 $7_左$ 及 $7_右$ 是指相同鍵值一個在左一個在右），穩定的排序（Stable Sort）後 $7_左$ 仍應在 $7_右$ 的左邊，不穩定排序則有可能 $7_左$ 會跑到 $7_右$ 的右邊去。例如：

原始資料順序：	$7_左$	2	9	$7_右$	6
穩定的排序：	2	6	$7_左$	$7_右$	9
不穩定的排序：	2	6	$7_右$	$7_左$	9

時間複雜度

當資料量相當大時，排序演算法所花費的時間就顯得相當重要。排序演算法的時間複雜度（Time Complexity）可分為最好情況（Best Case）、最壞情況（Worst Case）及平均情況（Average Case）。最好情況就是資料已完成排序，例如原本資料已經完成遞增排序了，如果再進行一次遞增排序所使用的時間複雜度就是最好情況。最壞情況是指每一鍵值均須重新排列，簡單的例子如原本為遞增排序，再重新排序成為遞減，就是最壞情況，如下所示：

排序前：	2	3	4	6	8	9
排序後：	9	8	6	4	3	2

【這種排序的時間複雜度就是最壞情況】

 空間複雜度

空間複雜度（Space Complexity）就是指演算法在執行過程所需付出的額外記憶體空間。例如所挑選的排序法必須藉助遞迴的方式來進行，那麼遞迴過程中會使用到的堆疊就是這個排序法必須付出的額外空間。另外，任何排序法都有資料對調的動作，資料對調就會暫時用到一個額外的空間，它也是排序法中空間複雜度要考慮的問題。排序法所使用到的額外空間愈少，它的空間複雜度就愈佳。例如氣泡法在排序過程中僅會用到一個額外的空間，在所有的排序演算法中，這樣的空間複雜度就算是最好的。

 氣泡排序法

氣泡排序法又稱為交換排序法，是由觀察水中氣泡變化構思而成，原理是由第一個元素開始，比較相鄰元素大小，若大小順序有誤，則對調後再進行下一個元素的比較,就彷彿氣泡逐漸由水底冒升到水面上一樣。如此掃描過一次之後就可確保最後一個元素是位於正確的順序。接著再逐步進行第二次掃描,直到完成所有元素的排序關係為止。

以下排序我們利用 55、23、87、62、16 的排序過程,您可以清楚知道氣泡排序法的演算流程:

由小到大排序

原始值: 55 23 87 62 16

❶ 第一次掃描會先拿第一個元素 55 和第二個元素 23 作比較,如果第二個元素小於第一個元素,則作交換的動作。接著拿 55 和 87 作比較,就這樣一直比較並交換,到第 4 次比較完後即可確定最大值在陣列的最後面。

第一次掃描:

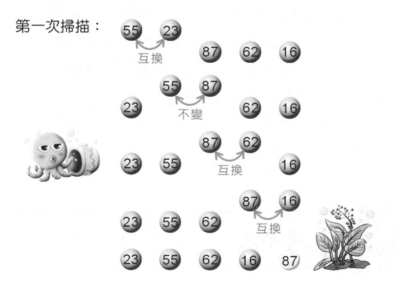

❷　第二次掃描亦從頭比較起，但因最後一個元素在第一次掃描就已確定是陣列最大值，故只需比較 3 次即可把剩餘陣列元素的最大值排到剩餘陣列的最後面。

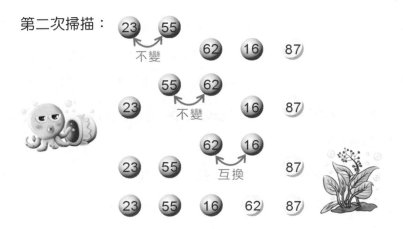

❸　第二次掃描完，完成三個值的排序。

❹　第四次掃描完，即可完成所有排序。

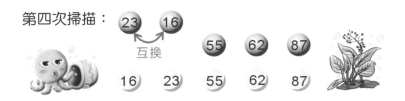

由此可知 5 個元素的氣泡排序法必須執行 (5-1) 次掃描，第一次掃描需比較 (5-1) 次，共比較 4+3+2+1=10 次。

氣泡排序法分析

① 最壞情況及平均情況均需比較：(n-1)+(n-2)+(n-3)+⋯+3+2+1= $\dfrac{n(n-1)}{2}$ 次；時間複雜度為 $O(n^2)$，最好情況只需完成一次掃描，發現沒有做交換的動作則表示已經排序完成，所以只做了 n-1 次比較，時間複雜度為 $O(n)$。

② 由於氣泡排序為相鄰兩者相互比較對調，並不會更改其原本排列的順序，所以是穩定排序法。

③ 只需一個額外的空間，所以空間複雜度為最佳。

④ 此排序法適用於資料量小或有部份資料已經過排序。

範例 **Bubble.java** │ 請設計一 **Java** 程式，並使用氣泡排序法來將以下的數列排序，並輸出逐次排序的結果。

```
6,5,9,7,2,8
```

```
01   // 傳統氣泡排序法
02
03   public class Bubble extends Object
04   {
05       public static void main(String args[])
06       {
07           int i,j,tmp;
08           int data[]={6,5,9,7,2,8}; // 原始資料
09
10           System.out.println(" 氣泡排序法：");
11           System.out.print(" 原始資料為：");
12           for(i=0;i<6;i++)
13           {
14               System.out.print(data[i]+" ");
15           }
16           System.out.print("\n");
```

```
17
18          for (i=5;i>0;i--)         // 掃描次數
19          {
20              for (j=0;j<i;j++)          // 比較、交換次數
21              {
22                  // 比較相鄰兩數，如第一數較大則交換
23                  if (data[j]>data[j+1])
24                  {
25                      tmp=data[j];
26                      data[j]=data[j+1];
27                      data[j+1]=tmp;
28                  }
29              }
30
31              // 把各次掃描後的結果印出
32              System.out.print(" 第 "+(6-i)+" 次排序後的結果是：");
33              for (j=0;j<6;j++)
34              {
35                  System.out.print(data[j]+" ");
36              }
37              System.out.print("\n");
38          }
39
40          System.out.print(" 排序後結果為：");
41          for (i=0;i<6;i++)
42          {
43              System.out.print(data[i]+" ");
44          }
45          System.out.print("\n");
46      }
47  }
```

執行結果

```
D:\Java\ch04>java Bubble.java
氣泡排序法：
原始資料為：6 5 9 7 2 8
第1次排序後的結果是：5 6 7 2 8 9
第2次排序後的結果是：5 6 2 7 8 9
第3次排序後的結果是：5 2 6 7 8 9
第4次排序後的結果是：2 5 6 7 8 9
第5次排序後的結果是：2 5 6 7 8 9
排序後結果為：2 5 6 7 8 9

D:\Java\ch04>
```

範例 Sentry.java ┃ 我們知道傳統氣泡排序法有個缺點，就是不管資料是否已排序完成都固定會執行 **n(n-1)/2** 次，請設計一 **Java** 程式，利用所謂崗哨的觀念，可以提前中斷程式，又可得到正確的資料，來增加程式執行效能。

```
01    //  改良氣泡排序法
02
03    public class Sentry extends Object
04    {
05        int data[]=new int[]{4,6,2,7,8,9};      // 原始資料
06
07        public static void main(String args[])
08        {
09            System.out.print(" 改良氣泡排序法 \n 原始資料為：");
10            Sentry test=new Sentry();
11            test.showdata();
12            test.bubble();
13        }
14
15        public void showdata ()         // 利用迴圈列印資料
16        {
17            int i;
18            for (i=0;i<6;i++)
19            {
20                System.out.print(data[i]+" ");
21            }
22            System.out.print("\n");
23            }
24
25        public void bubble ()
26        {
27            int i,j,tmp,flag;
28            for(i=5;i>=0;i--)
29            {
30                flag=0;                //flag 用來判斷是否有執行交換的動作
31                for (j=0;j<i;j++)
32                {
33                    if (data[j+1]<data[j])
34                    {
35                        tmp=data[j];
```

```
36                      data[j]=data[j+1];
37                      data[j+1]=tmp;
38                      flag++;      // 如果有執行過交換，則 flag 不為 0
39                  }
40              }
41          if  (flag==0)
42          {
43              break;
44          }
45
46          // 當執行完一次掃描就判斷是否做過交換動作，如果沒有交換過資料
47          //，表示此時陣列已完成排序，故可直接跳出迴圈
48
49          System.out.print(" 第 "+(6-i)+" 次排序：");
50          for (j=0;j<6;j++)
51          {
52              System.out.print(data[j]+" ");
53          }
54          System.out.print("\n");
55      }
56
57      System.out.print(" 排序後結果為：");
58      showdata ();
59  }
60 }
```

執行結果

```
D:\Java\ch04>java Sentry.java
改良氣泡排序法
原始資料為：4 6 2 7 8 9
第1次排序：4 2 6 7 8 9
第2次排序：2 4 6 7 8 9
排序後結果為：2 4 6 7 8 9

D:\Java\ch04>
```

4-3 選擇排序法

選擇排序法（Selection Sort）也算是枚舉法的應用，概念就是反覆從未排序的數列中取出最小的元素，加入到另一個的數列，結果即為已排序的數列。選擇排序法可使用兩種方式排序，一為在所有的資料中，當由大至小排序，則將最大值放入第一位置；若由小至大排序時，則將最大值放入位置末端。例如一開始在所有的資料中挑選一個最小項放在第一個位置（假設是由小到大），再從第二筆開始挑選一個最小項放在第 2 個位置，依樣重覆，直到完成排序為止。

以下我們仍然利用 55、23、87、62、16 數列的由小到大排序過程，來說明選擇排序法的演算流程：

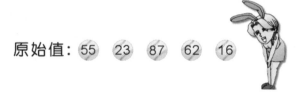

原始值： 55 23 87 62 16

❶ 首先找到此數列中最小值後與第一個元素交換。

第一次掃描：

❷ 從第二個值找起,找到此數列中(不包含第一個)的最小值,再和第二個
值交換。

第二次掃描:

❸ 從第三個值找起,找到此數列中(不包含第一、二個)的最小值,再和第
三個值交換。

第三次掃描:

❹ 從第四個值找起,找到此數列中(不包含第一、二、三個)的最小值,再
和第四個值交換,則此排序完成。

第四次掃描:

選擇排序法分析

① 無論是最壞情況、最佳情況及平均情況都需要找到最大值（或最小值），因此其比較次數為：$(n-1)+(n-2)+(n-3)+\cdots+3+2+1 = \dfrac{n(n-1)}{2}$ 次；時間複雜度為 $O(n^2)$。

② 由於選擇排序是以最大或最小值直接與最前方未排序的鍵值交換，資料排列順序很有可能被改變，故不是穩定排序法。

③ 只需一個額外的空間，所以空間複雜度為最佳。

④ 此排序法適用於資料量小或有部份資料已經過排序。

範例 Selection.java | 請設計一 Java 程式，並使用選擇排序法來將以下的數列排序。

```
9,7,5,3,4,6
```

```
01   // 選擇排序法
02
03   public class Selection extends Object
04   {
05       int data[]=new int[]{9,7,5,3,4,6};
06
07       public static void main(String args[])
08       {
09           System.out.print("原始資料為：");
10           Selection test=new Selection();
11           test.showdata ();
12           test.select ();
13       }
14
15       void showdata ()
16       {
17           for (int i=0;i<6;i++)
18           {
19               System.out.print(data[i]+" ");
20           }
```

```
21              System.out.print("\n");
22          }
23
24      void select ()
25      {
26          int smallest,temp,j,k,index;
27          for(int i=0;i<5;i++)              // 掃描 5 次
28          {
29              smallest=data[i];
30              index=i;
31              for(j=i+1;j<6;j++)   // 由 i+1 比較起，比較 5 次
32              {
33                  if(smallest>data[j])   // 找出最小元素
34                  {
35                      smallest=data[j];
36                      index=j;
37                  }
38              }
39              temp=data[index];
40              data[index]=data[i];
41              data[i]=temp;
42              System.out.print(" 第 "+(i+1)+" 次排序結果：");
43              for (k=0;k<6;k++)
44              {
45                  System.out.print(data[k]+" ");   // 列印排序結果
46              }
47              System.out.print("\n");
48          }
49          System.out.print("\n");
50      }
51  }
```

執行結果

```
D:\Java\ch04>java Selection.java
原始資料為：9 7 5 3 4 6
第1次排序結果：3 7 5 9 4 6
第2次排序結果：3 4 5 9 7 6
第3次排序結果：3 4 5 9 7 6
第4次排序結果：3 4 5 6 7 9
第5次排序結果：3 4 5 6 7 9


D:\Java\ch04>_
```

4-4 插入排序法

插入排序法（Insert Sort）則是將陣列中的元素，逐一與已排序好的資料作比較，如前兩個元素先排好，再將第三個元素插入適當的位置，所以這三個元素仍然是已排序好，接著再將第四個元素加入，重覆此步驟，直到排序完成為止。各位可以看做是在一串有序的記錄 R_1、R_2...R_i，插入新的記錄 R，使得 i+1 個記錄排序妥當。

以下我們仍然利用 55、23、87、62、16 數列的由小到大排序過程，來說明插入排序法的演算流程。下圖中，在步驟二以 23 為基準與其他元素比較後，放到適當位置（55 的前面），步驟三則拿 87 與其他兩個元素比較，接著 62 在比較完前三個數後插入 87 的前面…，將最後一個元素比較完後即完成排序：

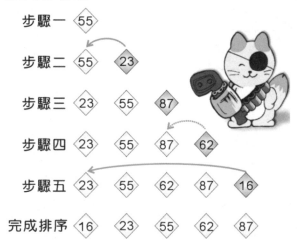

由小到大排序：

步驟一　55

步驟二　55　23

步驟三　23　55　87

步驟四　23　55　87　62

步驟五　23　55　62　87　16

完成排序　16　23　55　62　87

插入排序法分析

① 最壞及平均情況需比較 (n-1)+(n-2)+(n-3)+…+3+2+1=$\frac{n(n-1)}{2}$次；時間複雜度為 O(n^2)，最好情況時間複雜度為：O(n)。

② 插入排序是穩定排序法。

③ 只需一個額外的空間，所以空間複雜度為最佳。

④ 此排序法適用於大部份資料已經過排序或已排序資料庫新增資料後進行排序。

⑤ 此排序法會造成資料的大量搬移，所以建議在鏈結串列上使用。

範例 Insertion.java ┃ 請設計一 Java 程式，自行輸入 6 個數值，並使用插入排序法來加以排序。

```
01    // 插入排序法
02
03    import java.io.*;
04
05    public class Insertion extends Object
06    {
07        int data[]=new int[6];
08        int size=6;
09
10        public static void main(String args[])
11        {
12            Insertion test=new Insertion();
13            test.inputarr();
14            System.out.print(" 您輸入的原始陣列是：");
15            test.showdata();
16            test.insert();
17        }
18
19        void inputarr()
20        {
21            int i;
```

```
22          for (i=0;i<size;i++)          // 利用迴圈輸入陣列資料
23          {
24              try{
25                  System.out.print(" 請輸入第 "+(i+1)+" 個元素：");
26                  InputStreamReader isr = new InputStreamReader(System.in);
27                  BufferedReader br = new BufferedReader(isr);
28                  data[i]=Integer.parseInt(br.readLine());
29              }catch(Exception e){}
30          }
31      }
32
33      void showdata()
34      {
35          int i;
36          for (i=0;i<size;i++)
37          {
38              System.out.print(data[i]+" ");    // 列印陣列資料
39          }
40          System.out.print("\n");
41      }
42
43      void insert()
44      {
45          int i;      //i 為掃描次數
46          int j;      // 以 j 來定位比較的元素
47          int tmp;    //tmp 用來暫存資料
48          for (i=1;i<size;i++)    // 掃描迴圈次數為 SIZE-1
49          {
50              tmp=data[i];
51              j=i-1;
52              while (j>=0 && tmp<data[j])    // 如果第二元素小於第一元素
53              {
54                  data[j+1]=data[j]; // 就把所有元素往後推一個位置
55                  j--;
56              }
57              data[j+1]=tmp;            // 最小的元素放到第一個元素
58              System.out.print(" 第 "+i+" 次掃瞄：");
59              showdata();
60          }
61      }
62
63  }
```

📝 **執行結果**

```
D:\Java\ch04>java Insertion.java
請輸入第1個元素：8
請輸入第2個元素：4
請輸入第3個元素：6
請輸入第4個元素：7
請輸入第5個元素：3
請輸入第6個元素：5
您輸入的原始陣列是：8 4 6 7 3 5
第1次掃瞄：4 8 6 7 3 5
第2次掃瞄：4 6 8 7 3 5
第3次掃瞄：4 6 7 8 3 5
第4次掃瞄：3 4 6 7 8 5
第5次掃瞄：3 4 5 6 7 8

D:\Java\ch04>_
```

4-5 謝耳排序法

我們知道如果原始記錄之鍵值大部份已排序好時，插入排序法會非常有效率，因為它不需要做太多的資料搬移動作。「謝耳排序法」則是 D. L. Shell 在 1959 年 7 月所發明的一種排序法，可以減少插入排序法中資料搬移的次數，以加速排序進行。排序的原理是將資料區分成特定間隔的幾個小區塊，以插入排序法排完區塊內的資料後再漸漸減少間隔的距離。

以下我們仍然利用 63、92、27、36、45、71、58、7 數列的由小到大排序過程，來說明謝耳排序法的演算流程：

63　92　27　36　45　71　58　7

❶ 首先將所有資料分成 Y：(8div2) 即 Y=4，稱為劃分數。請注意！劃分數不一定要是 2，最好能夠是質數。但為演算法方便，所以我們習慣選 2，則一開始的間隔設定為 8/2 區隔成：

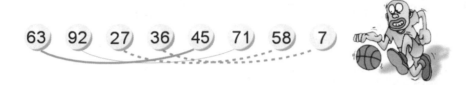

❷ 如此一來可得到四個區塊分別是：(63,45)(92,71)(27,58)(36,7)，再各別用插入排序法排序成為：(45,63)(71,92)(27,58)(7,36)

❸ 接著再縮小間隔為 (8/2)/2 成：

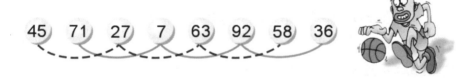

❹ (45,27,63,58)(71,7,92,36) 分別用插入排序法後得到：

❺ 最後再以 ((8/2)/2)/2 的間距做插入排序，也就是每一個元素進行排序得到最後的結果：

📢 謝耳排序法分析

① 任何情況的時間複雜度均為 $O(n^{3/2})$。

② 謝耳排序法和插入排序法一樣，都是穩定排序。

③ 只需一個額外空間，所以空間複雜度是最佳。

④ 此排序法適用於資料大部份都已排序完成的情況。

📝 **範例 Shell.java** ┃ 請設計一 Java 程式，自行輸入 8 個數值，並使用謝耳排序法來加以排序。

```
01  // 謝耳排序法
02
03  import java.io.*;
04
05  public class Shell extends Object
06  {
07      int data[]=new int[8];
08      int size=8;
09
10      public static void main(String args[])
11      {
12          Shell test =  new Shell();
13          test.inputarr();
14          System.out.print(" 您輸入的原始陣列是：");
15          test.showdata();
```

```
16              test.shell();
17          }
18
19      void inputarr()
20      {
21          int i=0;
22          for (i=0;i<size;i++)
23          {
24              System.out.print(" 請輸入第 "+(i+1)+" 個元素：");
25              try{
26                  InputStreamReader isr = new InputStreamReader(System.in);
27                  BufferedReader br = new BufferedReader(isr);
28                  data[i]=Integer.parseInt(br.readLine());
29              }catch(Exception e){}
30          }
31      }
32
33      void showdata()
34      {
35          int i=0;
36          for (i=0;i<size;i++)
37          {
38              System.out.print(data[i]+" ");
39          }
40          System.out.print("\n");
41      }
42
43      void shell()
44      {
45          int i;           //i 為掃描次數
46          int j;           // 以 j 來定位比較的元素
47          int k=1;         //k 列印計數
48          int tmp;         //tmp 用來暫存資料
49          int jmp;         // 設定間距位移量
50          jmp=size/2;
51          while (jmp != 0)
52          {
53              for (i=jmp ;i<size ;i++)
54              {
55                  tmp=data[i];
56                  j=i-jmp;
57                  while(j>=0 && tmp<data[j])   // 插入排序法
58                  {
59                      data[j+jmp] = data[j];
```

```
60                      j=j-jmp;
61                  }
62              data[jmp+j]=tmp;
63          }
64
65          System.out.print(" 第 "+ (k++) +" 次排序：");
66          showdata();
67          jmp=jmp/2;      // 控制迴圈數
68      }
69  }
70 }
```

執行結果

```
D:\Java\ch04>java Shell.java
請輸入第1個元素：3
請輸入第2個元素：1
請輸入第3個元素：2
請輸入第4個元素：4
請輸入第5個元素：9
請輸入第6個元素：8
請輸入第7個元素：6
請輸入第8個元素：5
您輸入的原始陣列是：3 1 2 4 9 8 6 5
第1次排序：3 1 2 4 9 8 6 5
第2次排序：2 1 3 4 6 5 9 8
第3次排序：1 2 3 4 5 6 8 9

D:\Java\ch04>_
```

4-6　快速排序法

　　快速排序（Quicksort）是由 C. A. R. Hoare 所發展的，又稱分割交換排序法，是目前公認最佳的排序法，也是使用分治法（Divide and Conquer）的方式，主要會先在資料中找到一個隨機會自行設定虛擬中間值，並依此中間值將所有打算排序的資料分為兩部份。其中小於中間值的資料放在左邊，而大於中間值的資料放在右邊，再以同樣的方式分別處理左右兩邊的資料，直到排序完為止。操作與分割步驟如下：

假設有 n 筆 R1、R2、R3…Rn 記錄，其鍵值為 K_1、K_2、K_3…K_n：

① 先假設 K 的值為第一個鍵值。

② 由左向右找出鍵值 K_i，使得 $K_i > K$。

③ 由右向左找出鍵值 K_j 使得 $K_j < K$。

④ 如果 i<j，那麼 K_i 與 K_j 互換，並回到步驟②。

⑤ 若 i ≧ j 則將 K 與 K_j 交換，並以 j 為基準點分割成左右部份。然後再針對左右兩邊進行步驟①至⑤，直到左半邊鍵值 = 右半邊鍵值為止。

下面為您示範快速排序法將下列資料的排序過程：

❶ 因為 i<j 故交換 K_i 與 K_j，然後繼續比較：

❷　因為 i<j 故交換 K_i 與 K_j，然後繼續比較：

35　10　23　3　18　12　62　79　51　42
　　　　　　　　　j　　i

❸　因為 i ≧ j 故交換 K 與 K_j，並以 j 為基準點分割成左右兩半：

$$[12 \quad 10 \quad 23 \quad 3 \quad 18] \quad 35 \quad [62 \quad 79 \quad 51 \quad 42]$$

❹　由上述這幾個步驟，各位可以將小於鍵值 K 放在左半部；大於鍵值 K 放在右半部，依上述的排序過程，針對左右兩部份分別排序。過程如下：

$$[3 \quad 10] \quad 12 \quad [23 \quad 18] \quad 35 \quad [62 \quad 79 \quad 51 \quad 42]$$
$$3 \quad 10 \quad 12 \quad [23 \quad 18] \quad 35 \quad [62 \quad 79 \quad 51 \quad 42]$$
$$3 \quad 10 \quad 12 \quad 18 \quad 23 \quad 35 \quad [62 \quad 79 \quad 51 \quad 42]$$
$$3 \quad 10 \quad 12 \quad 18 \quad 23 \quad 35 \quad [51 \quad 42] \quad 62 \quad [79]$$
$$3 \quad 10 \quad 12 \quad 18 \quad 23 \quad 35 \quad 42 \quad 51 \quad 62 \quad 79$$

📢 快速排序法分析

①　在最快及平均情況下，時間複雜度為 $O(n\log_2 n)$。最壞情況就是每次挑中的中間值不是最大就是最小，其時間複雜度為 $O(n^2)$。

②　快速排序法不是穩定排序法。

③　在最差的情況下，空間複雜度為 $O(n)$，而最佳情況為 $O(\log_2 n)$。

④　快速排序法是平均執行時間最快的排序法。

範例 Quick.java ┃ 請設計一 Java 程式，可輸入數列的個數，並使用亂數產生數值，試利用快速排序法加以排序。

```java
01  // 快速排序法
02
03  import java.io.*;
04  import java.util.*;
05
06  public class Quick extends Object
07  {
08      int process = 0;
09      int size;
10      int data[]=new int[100];
11
12      public static void main(String args[])
13      {
14          Quick test = new Quick();
15
16          System.out.print("請輸入陣列大小 (100 以下)：");
17          try{
18              InputStreamReader isr = new InputStreamReader(System.in);
19              BufferedReader br = new BufferedReader(isr);
20              test.size=Integer.parseInt(br.readLine());
21          }catch(Exception e){}
22
23          test.inputarr ();
24          System.out.print("原始資料是：");
25          test.showdata ();
26
27          test.quick(test.data,test.size,0,test.size-1);
28          System.out.print("\n 排序結果：");
29          test.showdata();
30      }
31
32      void inputarr()
33      {
34          // 以亂數輸入
35          Random rand=new Random();
36          int i;
37          for (i=0;i<size;i++)
38              data[i]=(Math.abs(rand.nextInt(99)))+1;
39      }
40
41      void showdata()
42      {
```

```
43          int i;
44          for (i=0;i<size;i++)
45              System.out.print(data[i]+" ");
46          System.out.print("\n");
47      }
48
49      void quick(int d[],int size,int lf,int rg)
50      {
51          int i,j,tmp;
52          int lf_idx;
53          int rg_idx;
54          int t;
55                              //1: 第一筆鍵值為 d[lf]
56          if(lf<rg)
57          {
58              lf_idx=lf+1;
59              rg_idx=rg;
60
61              // 排序
62              while(true)
63              {
64                  System.out.print("[ 處理過程 "+(process++)+"]=> ");
65                  for(t=0;t<size;t++)
66                      System.out.print("["+d[t]+"] ");
67
68                  System.out.print("\n");
69
70                  for(i=lf+1;i<=rg;i++)   //2: 由左向右找出一個鍵值大於 d[lf] 者
71                  {
72                      if(d[i]>=d[lf])
73                      {
74                          lf_idx=i;
75                          break;
76                      }
77                      lf_idx++;
78                  }
79
80                  for(j=rg;j>=lf+1;j--)   //3: 由右向左找出一個鍵值小於 d[lf] 者
81                  {
82                      if(d[j]<=d[lf])
83                      {
84                          rg_idx=j;
85                          break;
86                      }
87                      rg_idx--;
88                  }
```

```
89
90              if(lf_idx<rg_idx)              //4-1: 若 lf_idx<rg_idx
91              {
92                  tmp = d[lf_idx];
93                  d[lf_idx] = d[rg_idx]; // 則 d[lf_idx] 和 d[rg_idx] 互換
94                  d[rg_idx] = tmp;      // 然後繼續排序
95              }else{
96                  break;                // 否則跳出排序過程
97              }
98          }
99
100         // 整理
101         if(lf_idx>=rg_idx)              //5-1: 若 lf_idx 大於等於 rg_idx
102         {                               // 則將 d[lf] 和 d[rg_idx] 互換
103             tmp = d[lf];
104             d[lf] = d[rg_idx];
105             d[rg_idx] = tmp;
106             //5-2: 並以 rg_idx 為基準點分成左右兩半
107             quick(d,size,lf,rg_idx-1); // 以遞迴方式分別為左右兩半進行排序
108             quick(d,size,rg_idx+1,rg); // 直至完成排序
109         }
110     }
111 }
112 }
```

執行結果

```
D:\Java\ch04>java Quick.java
請輸入陣列大小(100以下)：10
原始資料是：89 96 75 38 10 88 8 10 62 41
[處理過程0]=> [89] [96] [75] [38] [10] [88] [8] [10] [62] [41]
[處理過程1]=> [89] [41] [75] [38] [10] [88] [8] [10] [62] [96]
[處理過程2]=> [62] [41] [75] [38] [10] [88] [8] [10] [89] [96]
[處理過程3]=> [62] [41] [10] [38] [10] [88] [8] [75] [89] [96]
[處理過程4]=> [62] [41] [10] [38] [10] [8] [88] [75] [89] [96]
[處理過程5]=> [8] [41] [10] [38] [10] [62] [88] [75] [89] [96]
[處理過程6]=> [8] [41] [10] [38] [10] [62] [88] [75] [89] [96]
[處理過程7]=> [8] [10] [10] [38] [41] [62] [88] [75] [89] [96]
[處理過程8]=> [8] [10] [10] [38] [41] [62] [88] [75] [89] [96]

排序結果：8 10 10 38 41 62 75 88 89 96

D:\Java\ch04>
```

4-7　合併排序法

合併排序法（Merge Sort）工作原理乃是針對已排序好的二個或二個以上的數列，經由合併的方式，將其組合成一個大的且已排序好的數列。步驟如下：

① 將 N 個長度為 1 的鍵值成對地合併成 N/2 個長度為 2 的鍵值組。

② 將 N/2 個長度為 2 的鍵值組成對地合併成 N/4 個長度為 4 的鍵值組。

③ 將鍵值組不斷地合併，直到合併成一組長度為 N 的鍵值組為止。

以下我們利用 38、16、41、72、52、98、63、25 數列的由小到大排序過程，來說明合併排序法的基本演算流程：

38、16、41、72、52、98、63、25
16、38、41、72、52、98、25、63
16、38、41、72、25、52、63、98
16、25、38、41、52、63、72、98

上面展示的合併排序法例子是一種最簡單的合併排序，又稱為 2 路（2-way）合併排序，主要概念是把原來的檔案視作 N 個已排序妥當且長度為 1 的數列，再將這些長度為 1 的資料兩兩合併，結合成 N/2 個已排序妥當且長度為 2 的數列；同樣的作法，再依序兩兩合併，合併成 N/4 個已排序妥當且長度為 4 的數列……，以此類推，最後合併成一個已排序妥當且長度為 N 的數列。

我們以條列的方式將步驟整理如下：

① 將 N 個長度為 1 的數列合併成 N/2 個已排序妥當且長度為 2 的數列。

② 將 N/2 個長度為 2 的數列合併成 N/4 個已排序妥當且長度為 4 的數列。

③ 將 N/4 個長度為 4 的數列合併成 N/8 個已排序妥當且長度為 8 的數列。

④ 將 N/2^{i-1} 個長度為 2^{i-1} 的數列合併成 N/2^i 個已排序妥當且長度為 2^i 的數列。

合併排序法分析

① 合併排序法 n 筆資料一般需要約 $\log_2 n$ 次處理，每次處理的時間複雜度為 O(n)，所以合併排序法的最佳情況、最差情況及平均情況複雜度為 O(nlogn)。

② 由於在排序過程中需要一個與檔案大小同樣的額外空間，故其空間複雜度 O(n)。

③ 是一個穩定（stable）的排序方式。

4-8 基數排序法

　　基數排序法和我們之前所討論到的排序法不太一樣，它並不需要進行元素間的比較動作，而是屬於一種分配模式排序方式。基數排序法依比較的方向可分為最有效鍵優先（Most Significant Digit First, MSD）和最無效鍵優先（Least Significant Digit First, LSD）兩種。MSD 法是從最左邊的位數開始比較，而 LSD 則是從最右邊的位數開始比較。

以下的範例我們以 LSD 將三位數的整數資料來加以排序，它是依個位數、十位數、百位數來進行排序。請直接看以下最無效鍵優先（LSD）例子的說明，便可清楚的知道它的動作原理：

原始資料如下：

59	95	7	34	60	168	171	259	372	45	88	133

STEP **1** 把每個整數依其個位數字放到串列中：

個位數字	0	1	2	3	4	5	6	7	8	9
資料	60	171	372	133	34	95 45		7	168 88	59 259

合併後成為：

60	171	372	133	34	95	45	7	168	88	59	259

STEP **2** 再依其十位數字，依序放到串列中：

十位數字	0	1	2	3	4	5	6	7	8	9
資料	7			133 34	45	59 259	60 168	171 372	88	95

合併後成為：

7	133	34	45	59	259	60	168	171	372	88	95

STEP **3** 再依其百位數字，依序放到串列中：

百位數字	0	1	2	3	4	5	6	7	8	9
資料	7 34 45 59 60 88 95	133 168 171	259	372						

最後合併即完成排序：

7	34	45	59	60	88	95	133	168	171	259	372

基數排序法分析

① 在所有情況下，時間複雜度均為 $O(n\log_p k)$，k 是原始資料的最大值。

② 基數排序法是穩定排序法。

③ 基數排序法會使用到很大的額外空間來存放串列資料，其空間複雜度為 $O(n*p)$，n 是原始資料的個數，p 是資料字元數；如上例中，資料的個數 n=12，字元數 p=3。

④ 若 n 很大，p 固定或很小，此排序法將很有效率。

範例 **Radix.java** ┃ 請設計一 Java 程式，可自行輸入數值陣列的個數，並使用基數排序法來排序。

```
01   // 基數排序法由小到大排序
02
03   import java.io.*;
```

```
04  import java.util.*;
05
06  public class Radix extends Object
07  {
08      int size;
09      int data[]=new int[100];
10
11      public static void main(String args[])
12      {
13          Radix test = new Radix();
14
15          System.out.print(" 請輸入陣列大小 (100 以下 )：");
16          try{
17              InputStreamReader isr = new InputStreamReader(System.in);
18              BufferedReader br = new BufferedReader(isr);
19              test.size=Integer.parseInt(br.readLine());
20          }catch(Exception e){}
21
22          test.inputarr ();
23          System.out.print(" 您輸入的原始資料是：\n");
24          test.showdata ();
25
26          test.radix ();
27      }
28
29      void inputarr()
30      {
31          Random rand=new Random();
32          int i;
33          for (i=0;i<size;i++)
34              data[i]=(Math.abs(rand.nextInt(999)))+1; // 設定 data 值最大為 3 位數
35      }
36
37      void showdata()
38      {
39          int i;
40          for (i=0;i<size;i++)
41              System.out.print(data[i]+" ");
42          System.out.print("\n");
43      }
44
45      void radix()
46      {
47          int i,j,k,n,m;
```

```
48          for (n=1;n<=100;n=n*10)       //n 為基數，由個位數開始排序
49          {
50              // 設定暫存陣列，[0~9 位數 ][ 資料個數 ]，所有內容均為 0
51              int tmp[][]=new int[10][100];
52              for (i=0;i<size;i++)     // 比對所有資料
53              {
54                  m=(data[i]/n)%10;   //m 為 n 位數的值，如 36 取十位數 (36/10)%10=3
55                  tmp[m][i]=data[i]; // 把 data[i] 的值暫存於 tmp 裡
56              }
57
58              k=0;
59              for (i=0;i<10;i++)
60              {
61                  for(j=0;j<size;j++)
62                  {
63                      if(tmp[i][j] != 0) // 因一開始設定 tmp={0}，故不為 0 者即為
64                      {
65                          //data 暫存在 tmp 裡的值，把 tmp 裡的值放回 data[ ] 裡
66                          data[k]=tmp[i][j];
67                          k++;
68                      }
69                  }
70              }
71              System.out.print(" 經過 "+n+" 位數排序後：");
72              showdata();
73          }
74      }
75  }
```

執行結果

```
D:\Java\ch04>java Radix.java
請輸入陣列大小(100以下)：10
您輸入的原始資料是：
849 398 799 971 443 354 619 977 602 886
經過1位數排序後：971 602 443 354 886 977 398 849 799 619
經過10位數排序後：602 619 443 849 354 971 977 886 398 799
經過100位數排序後：354 398 443 602 619 799 849 886 971 977

D:\Java\ch04>_
```

4-9　堆積樹排序法

堆積樹排序法可以算是選擇排序法的改進版，它可以減少在選擇排序法中的比較次數，進而減少排序時間。堆積排序法使用到了二元樹的技巧，它是利用堆積樹來完成排序。堆積是一種特殊的二元樹，可分為最大堆積樹及最小堆積樹兩種。而最大堆積樹滿足以下 3 個條件：

① 它是一個完整二元樹。

② 所有節點的值都大於或等於它左右子節點的值。

③ 樹根是堆積樹中最大的。

而最小堆積樹則具備以下 3 個條件：

① 它是一個完整二元樹。

② 所有節點的值都小於或等於它左右子節點的值。

③ 樹根是堆積樹中最小的。

在開始談論堆積排序法前，各位必須先認識如何將二元樹轉換成堆積樹（heap tree）。我們以下面實例進行說明：

假設有 9 筆資料 32、17、16、24、35、87、65、4、12，我們以二元樹表示如下：

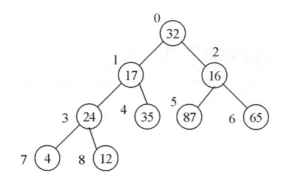

如果要將該二元樹轉換成堆積樹。我們可以用陣列來儲存二元樹所有節點的值，即

A[0]=32、A[1]=17、A[2]=16、A[3]=24、A[4]=35、A[5]=87、A[6]=65、
A[7]=4、A[8]=12

❶ A[0]=32 為樹根，若 A[1] 大於父節點則必須互換。此處 A[1]=17<A[0]=32，
故不交換。

❷ A[2]=16<A[0]，故不交換。

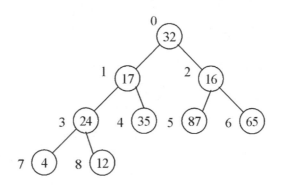

❸　A[3]=24>A[1]=17，故交換。

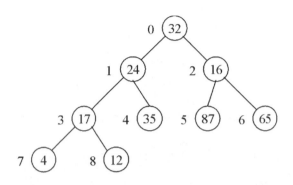

❹　A[4]=35>A[1]=24，故交換，再與 A[0]=32 比較，A[1]=35>A[0]=32，故交換。

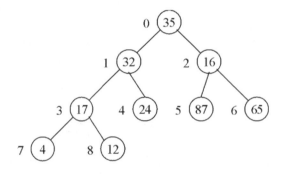

❺　A[5]=87>A[2]=16，故交換，再與 A[0]=35 比較，A[2]=87>A[0]=35，故交換。

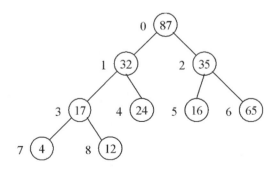

❻ A[6]=65>A[2]=35，故交換，且 A[2]=65<A[0]=87，故不必換。

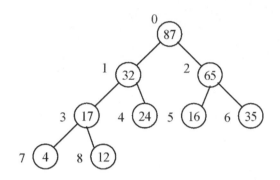

❼ A[7]=4<A[3]=17，故不必換。

A[8]=12<A[3]=17，故不必換。

可得下列的堆積樹

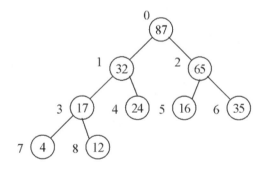

　　剛才示範由二元樹的樹根開始，由上往下逐一依堆積樹的建立原則來改變各節點值，最終得到一最大堆積樹。各位可以發現堆積樹並非唯一，您也可以由陣列最後一個元素（例如此例中的 A[8]）由下往上逐一比較來建立最大堆積樹。如果您想由小到大排序，就必須建立最小堆積樹，作法和建立最大堆積樹類似，在此不另外說明。

下面我們將利用堆積排序法，針對 34、19、40、14、57、17、4、43 的排序過程示範如下：

❶ 依下圖數字順序建立完整二元樹

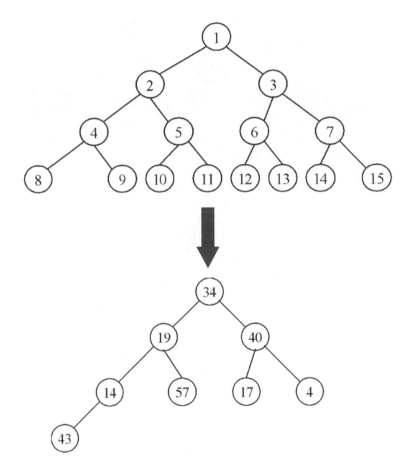

❷ 建立堆積樹

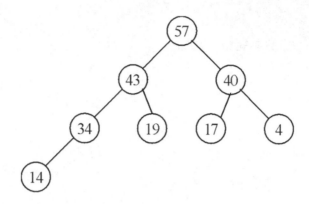

❸ 將 57 自樹根移除，重新建立堆積樹

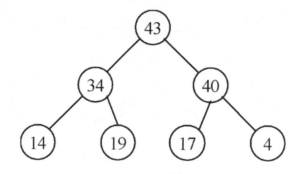

❹ 將 43 自樹根移除，重新建立堆積樹

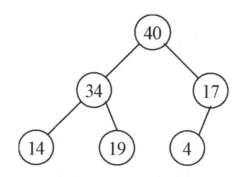

❺　將 40 自樹根移除，重新建立堆積樹

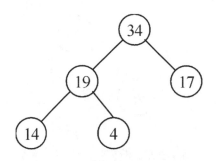

❻　將 34 自樹根移除，重新建立堆積樹

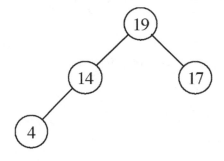

❼　將 19 自樹根移除，重新建立堆積樹

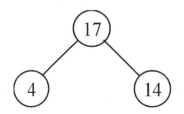

❽ 將 17 自樹根移除，重新建立堆積樹

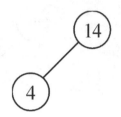

❾ 將 14 自樹根移除，重新建立堆積樹

最後將 4 自樹根移除。得到的排序結果為

57、43、40、34、19、17、14、4

堆積樹排序法分析

① 在所有情況下，時間複雜度均為 O(nlogn)。

② 堆積排序法不是穩定排序法。

③ 只需要一額外的空間，空間複雜度為 O(1)。

範例 Heap.java ┃ 請設計一 Java 程式，並使用堆積排序法來將一數列排序。

```
01   // 堆積排序法
02
03   import java.io.*;
04   public  class Heap
05   {
06       public static void main(String args[]) throws IOException
```

```
07        {
08            int i,size,data[]={0,5,6,4,8,3,2,7,1};    // 原始陣列內容
09            size=9;
10            System.out.print("原始陣列：");
11            for(i=1;i<size;i++)
12            System.out.print("["+data[i]+"] ");
13            Heap.heap(data,size);          // 建立堆積樹
14            System.out.print("\n排序結果：");
15            for(i=1;i<size;i++)
16            System.out.print("["+data[i]+"] ");
17            System.out.print("\n");
18        }
19
20        public static void heap(int data[] ,int size)
21        {
22            int i,j,tmp;
23            for(i=(size/2);i>0;i--)                  // 建立堆積樹節點
24                Heap.ad_heap(data,i,size-1);
25            System.out.print("\n堆積內容：");
26            for(i=1;i<size;i++)                      // 原始堆積樹內容
27                System.out.print("["+data[i]+"] ");
28            System.out.print("\n");
29            for(i=size-2;i>0;i--)                    // 堆積排序
30            {
31                tmp=data[i+1];                       // 頭尾節點交換
32                data[i+1]=data[1];
33                data[1]=tmp;
34                Heap.ad_heap(data,1,i);              // 處理剩餘節點
35                System.out.print("\n處理過程：");
36                for(j=1;j<size;j++)
37                    System.out.print("["+data[j]+"] ");
38            }
39        }
40        public static void ad_heap(int data[],int i,int size)
41        {
42            int j,tmp,post;
43            j=2*i;
44            tmp=data[i];
45            post=0;
46            while(j<=size && post==0)
47            {
48                if(j<size)
```

```
49                    {
50                        if(data[j]<data[j+1])        // 找出最大節點
51                            j++;
52                    }
53                    if(tmp>=data[j])                 // 若樹根較大，結束比較過程
54                        post=1;
55                    else
56                    {
57                        data[j/2]=data[j];           // 若樹根較小，則繼續比較
58                        j=2*j;
59                    }
60            }
61            data[j/2]=tmp;                           // 指定樹根為父節點
62        }
63  }
```

執行結果

```
D:\Java\ch04>java Heap.java
原始陣列：[5] [6] [4] [8] [3] [2] [7] [1]
堆積內容：[8] [6] [7] [5] [3] [2] [4] [1]

處理過程：[7] [6] [4] [5] [3] [2] [1] [8]
處理過程：[6] [5] [4] [1] [3] [2] [7] [8]
處理過程：[5] [3] [4] [1] [2] [6] [7] [8]
處理過程：[4] [3] [2] [1] [5] [6] [7] [8]
處理過程：[3] [1] [2] [4] [5] [6] [7] [8]
處理過程：[2] [1] [3] [4] [5] [6] [7] [8]
處理過程：[1] [2] [3] [4] [5] [6] [7] [8]
排序結果：[1] [2] [3] [4] [5] [6] [7] [8]

D:\Java\ch04>_
```

想一想，怎麼做？

1. 請問排序的資料是以陣列資料結構來儲存，則下列的排序法中，何者的資料搬移量最大？(A) 氣泡排序法 (B) 選擇排序法 (C) 插入排序法

2. 請舉例說明合併排序法是否為一穩定排序？

3. 待排序鍵值如下，請使用選擇排序法列出每回合的結果：

   26、5、37、1、61

4. 在排序過程中，資料移動的方式可分為哪兩種方式？兩者間的優劣如何？

5. 請簡述基數排序法的主要特點。

6. 下列敘述正確與否？請說明原因。

   (1) 不論輸入資料為何，插入排序（Insertion Sort）的元素比較總數較泡沫排序（Bubble Sort）的元素比較次數之總數為少。

   (2) 若輸入資料已排序完成，則再利用堆積排序（Heap Sort）只需 O(n) 時間即可排序完成。n 為元素個數。

7. 如果依照執行時所使用的記憶體區分為哪兩種方式？

8. 何謂穩定的排序？請試著舉出三種穩定的排序？

MEMO

徹底解析
搜尋演算法

在資料處理過程中，是否能在最短時間內搜尋到所需要的資料，是一個相當值得資訊從業人員關心的議題。所謂搜尋（Search）指的是從資料檔案中找出滿足某些條件的記錄之動作，用以搜尋的條件稱為「鍵值」（Key），就如同排序所用的鍵值一樣，我們平常在電話簿中找某人的電話，那麼這個人的姓名就成為在電話簿中搜尋電話資料的鍵值。例如大家常使用的 Google 搜尋引擎所設計的 Spider 程式會主動經由網站上的超連結爬行到另一個網站，並收集每個網站上的資訊，並收錄到資料庫中，這就必須仰賴不同的搜尋演算法來進行。

【我們每天都在搜尋許多標的物】

5-1 常見的搜尋方法

如果根據資料量的大小，我們可將搜尋分為：

❶ 內部搜尋：資料量較小的檔案可以一次全部載入記憶體以進行搜尋。

❷ 外部搜尋：資料龐大的檔案無法全部容納於記憶體中，這種檔案通常均先加以組織化，再存於硬碟中，搜尋時也必須循著檔案的組織性來達成。

電腦搜尋資料的優點是快速，但是當資料量很龐大時，如何在最短時間內有效的找到所需資料，是一個相當重要的課題；影響搜尋時間長短的主要因素包括有演算法、資料儲存的方式及結構。搜尋法和排序法一樣，如果是以搜尋過程中被搜尋的表格或資料是否異動來分類，區分為靜態搜尋（Static Search）及動態搜尋（Dynamic Search）。靜態搜尋是指資料在搜尋過程中，該搜尋資料不會有增加、刪除、或更新等行為，例如符號表搜尋就屬於一種靜態搜尋。而動態搜尋則是指所搜尋的資料，在搜尋過程中會經常性地增加、刪除、或更新。

搜尋的操作也算是相當典型的演算法，進行的方式和所選擇的資料結構有很大的關聯，我們下面就以幾種搜尋的演算法來說明這些關聯，例如循序法、二元搜尋法、費伯那法、內插搜尋法等，讓各位能確實掌握各種搜尋之技巧基本原理，以便應用於日後各種領域。

【在 Google中搜尋資料就是一種動態搜尋】

5-2　循序搜尋演算法

循序搜尋法又稱線性搜尋法，是一種最簡單的搜尋法。它的方法是將資料一筆一筆的循序逐次搜尋。所以不管資料順序為何，都是得從頭到尾走訪過一次。此法的優點是檔案在搜尋前不需要作任何的處理與排序，缺點為搜尋速度較慢。如果資料沒有重覆，找到資料就可中止搜尋的話，在最差狀況是未找到資料，需作 n 次比較，最好狀況則是一次就找到，只需 1 次比較。

假設已存在數列 74,53,61,28,99,46,88，若要搜尋 28 需要比較 4 次；搜尋 74 僅需比較 1 次；搜尋 88 則需搜尋 7 次，這表示當搜尋的數列長度 n 很大時，利用循序搜尋是不太適合的，它是一種適用在小檔案的搜尋方法。在日常生活中，我們經常會使用到這種搜尋法，例如各位想在衣櫃中找衣服時，通常會從櫃子最上方的抽屜逐層尋找。

在抽屜中逐層找尋東西，也是一種循序搜尋法的應用

循序搜尋演算法分析

① 時間複雜度：如果資料沒有重覆，找到資料就可中止搜尋的話，在最差狀況是未找到資料，需作 n 次比較，時間複雜度為 O(n)。

② 在平均狀況下，假設資料出現的機率相等，則需 (n+1)/2 次比較。

③ 當資料量很大時，不適合使用循序搜尋法。但如果預估所搜尋的資料在檔案前端則可以減少搜尋的時間。

範例 Seq.java ┃ 請設計一 Java 程式，以亂數產生 1~150 間的 80 個整數，並實作循序搜尋法的過程。

```
01   // 循序搜尋法
02
03   import java.io.*;
04   public    class Seq
05   {
06       public static void main(String args[]) throws IOException
07       {
08           String strM;
09           BufferedReader keyin=new BufferedReader(new InputStreamReader(System.in));
10           int data[] =new int[100];
11           int i,j,find,val=0;
12           for (i=0;i<80;i++)
13               data[i]=(((int)(Math.random()*150))%150+1);
14           while (val!=-1)
15           {
16               find=0;
17               System.out.print(" 請輸入搜尋鍵值 (1-150)，輸入 -1 離開：");
18               strM=keyin.readLine();
19               val=Integer.parseInt(strM);
20               for (i=0;i<80;i++)
21               {
22                   if(data[i]==val)
23                   {
24                       System.out.print(" 在第 "+(i+1)+" 個位置找到鍵值
                           ["+data[i]+"]\n");
```

```
25                          find++;
26                      }
27                  }
28              if(find==0 && val !=-1)
29                  System.out.print("###### 沒有找到 ["+val+"]######\n");
30          }
31      System.out.print("資料內容：\n");
32      for(i=0;i<10;i++)
33      {
34          for(j=0;j<8;j++)
35              System.out.print(i*8+j+1+"["+data[i*8+j]+"]   ");
36          System.out.print("\n");
37      }
38  }
39 }
```

執行結果

```
D:\Java>cd ch05

D:\Java\ch05>java Seq.java
請輸入搜尋鍵值(1-150)，輸入-1離開：88
在第4個位置找到鍵值 [88]
請輸入搜尋鍵值(1-150)，輸入-1離開：59
######沒有找到 [59]######
請輸入搜尋鍵值(1-150)，輸入-1離開：-1
資料內容：
1[14]   2[80]   3[3]   4[88]   5[100]   6[71]   7[94]   8[44]
9[11]   10[24]   11[26]   12[7]   13[80]   14[33]   15[1]   16[86]
17[109]   18[46]   19[145]   20[24]   21[116]   22[8]   23[40]   24[48]
25[77]   26[51]   27[126]   28[40]   29[4]   30[96]   31[118]   32[19]
33[60]   34[150]   35[25]   36[150]   37[142]   38[90]   39[3]   40[18]
41[91]   42[106]   43[107]   44[107]   45[20]   46[44]   47[110]   48[75]
49[94]   50[72]   51[20]   52[149]   53[87]   54[65]   55[29]   56[42]
57[150]   58[69]   59[77]   60[22]   61[45]   62[64]   63[115]   64[29]
65[119]   66[128]   67[82]   68[85]   69[21]   70[79]   71[41]   72[140]
73[125]   74[96]   75[128]   76[64]   77[2]   78[32]   79[1]   80[25]

D:\Java\ch05>_
```

5-3 二分搜尋演算法

如果要搜尋的資料已經事先排序好，則可使用二分搜尋法來進行搜尋。二分搜尋法是將資料分割成兩等份，再比較鍵值與中間值的大小，如果鍵值小於中間值，可確定要找的資料在前半段的元素，否則在後半部。如此分割數次直到找到或確定不存在為止。例如以下已排序數列 2、3、5、8、9、11、12、16、18，而所要搜尋值為 11 時：

❶　首先跟第五個數值 9 比較：

❷　因為 11 > 9，所以和後半部的中間值 12 比較：

❸　因為 11 < 12，所以和前半部的中間值 11 比較：

❹　因為 11=11，表示搜尋完成，如果不相等則表示找不到。

二分搜尋演算法分析

① 時間複雜度：因為每次的搜尋都會比上一次少一半的範圍，最多只需要比較 $\lceil \log_2 n \rceil$ +1 或 $\lceil \log_2(n+1) \rceil$，時間複雜度為 O(log n)。

② 二分法必須事先經過排序，且資料量必須能直接在記憶體中執行。

③ 此法適合用於不需增刪的靜態資料。

範例 Bin.java ▎ 請設計一 Java 程式，以亂數產生 1~150 間的 80 個整數，並實作二分搜尋法的過程與步驟。

```
01  // 二分搜尋法
02
03  import java.io.*;
04  public    class Bin
05  {
06      public static void main(String args[]) throws IOException
07
08      {
09          int i,j,val=1,num;
10          int data[] =new int[50];
11          String strM;
12          BufferedReader keyin=new BufferedReader(new InputStreamReader(System.in));
13          for (i=0;i<50;i++)
14          {
15              data[i]=val;
16              val+=((int)(Math.random()*100)%5+1);
17          }
18          while (true)
19          {
20              num=0;
21              System.out.print(" 請輸入搜尋鍵值 (1-150)，輸入 -1 結束：");
22              strM=keyin.readLine();
23              val=Integer.parseInt(strM);
24              if(val==-1)
25                  break;
26              num=bin_search(data,val);
27              if(num==-1)
```

```
28              System.out.print("##### 沒有找到 ["+val+"] #####\n");
29          else
30              System.out.print(" 在第  "+(num+1)+" 個位置找到  ["+data
                    [num]+"]\n");
31          }
32      System.out.print(" 資料內容：\n");
33      for(i=0;i<5;i++)
34      {
35          for(j=0;j<10;j++)
36              System.out.print((i*10+j+1)+"-"+data[i*10+j]+" ");
37          System.out.print("\n");
38      }
39      System.out.print("\n");
40      }
41  public static int bin_search(int data[],int val)
42  {
43      int low,mid,high;
44      low=0;
45      high=49;
46      System.out.print(" 搜尋處理中 ......\n");
47      while(low <= high && val !=-1)
48      {
49          mid=(low+high)/2;
50          if(val<data[mid])
51          {
52              System.out.print(val+" 介於位置  "+(low+1)+"["+data[low]+"]
                    及中間值  "+(mid+1)+"["+data[mid]+"]，找左半邊 \n");
53              high=mid-1;
54          }
55          else if(val>data[mid])
56          {
57              System.out.print(val+" 介於中間值位置  "+(mid+1)+"["+data
                    [mid]+"] 及  "+(high+1)+"["+data[high]+"]，找右半邊 \n");
58              low=mid+1;
59          }
60          else
61              return mid;
62      }
63      return -1;
64  }
65 }
```

📝 **執行結果**

```
D:\Java\ch05>java Bin.java
請輸入搜尋鍵值(1-150)，輸入-1結束：56
搜尋處理中......
56 介於位置 1[1]及中間值 25[69]，找左半邊
56 介於中間值位置 12[31]及 24[68]，找右半邊
56 介於中間值位置 18[46]及 24[68]，找右半邊
56 介於位置 19[51]及中間值 21[59]，找左半邊
56 介於中間值位置 19[51]及 20[54]，找右半邊
56 介於中間值位置 20[54]及 20[54]，找右半邊
##### 沒有找到[56] #####
請輸入搜尋鍵值(1-150)，輸入-1結束：54
搜尋處理中......
54 介於位置 1[1]及中間值 25[69]，找左半邊
54 介於中間值位置 12[31]及 24[68]，找右半邊
54 介於中間值位置 18[46]及 24[68]，找右半邊
54 介於位置 19[51]及中間值 21[59]，找左半邊
54 介於中間值位置 19[51]及 20[54]，找右半邊
在第 20個位置找到 [54]
請輸入搜尋鍵值(1-150)，輸入-1結束：-1
資料內容：
1-1 2-6 3-11 4-16 5-18 6-19 7-21 8-24 9-25 10-26
11-30 12-31 13-32 14-34 15-37 16-39 17-41 18-46 19-51 20-54
21-59 22-63 23-64 24-68 25-69 26-72 27-76 28-81 29-82 30-85
31-86 32-88 33-91 34-93 35-96 36-100 37-105 38-107 39-108 40-112
41-113 42-118 43-120 44-125 45-130 46-132 47-133 48-135 49-140 50-141


D:\Java\ch05>_
```

5-4 內插搜尋法

　　內插搜尋法（Interpolation Search）又叫做插補搜尋法，是二分搜尋法的改版。它是依照資料位置的分佈，利用公式預測資料的所在位置，再以二分法的方式漸漸逼近。使用內插法是假設資料平均分佈在陣列中，而每一筆資料的差距相當接近或有一定的距離比例。內插搜尋法的公式為：

```
Mid=low + (( key - data[low] ) / ( data[high] - data[low] ))* ( high - low )
```

其中 key 是要尋找的鍵，data[high]、data[low] 是剩餘待尋找記錄中的最大
值及最小值，對資料筆數為 n，其內插搜尋法的步驟如下：

❶ 將記錄由小到大的順序給予 1,2,3...n 的編號。

❷ 令 low=1，high=n

❸ 當 low<high 時，重複執行步驟 ❹ 及步驟 ❺

❹ 令 Mid=low + ((key - data[low]) / (data[high] - data[low]))* (high - low)

❺ 若 key<key$_{Mid}$ 且 high ≠ Mid-1 則令 high=Mid-1

❻ 若 key = key$_{Mid}$ 表示成功搜尋到鍵值的位置

❼ 若 key>key$_{Mid}$ 且 low ≠ Mid+1 則令 low=Mid+1

內插搜尋法分析

① 一般而言，內插搜尋法優於循序搜尋法，而如果資料的分佈愈平均，則搜
尋速度愈快，甚至可能第一次就找到資料。此法的時間複雜度取決於資料
分佈的情況而定，平均而言優於 O(log n)。

② 使用內插搜尋法資料需先經過排序。

範例 **Inter.java** ┃ 請設計一 **Java** 程式，以亂數產生 **1~150** 間的 **50** 個整
數，並實作內插搜尋法的過程與步驟。

```
01  // 內插搜尋法
02
03  import java.io.*;
04  public    class Inter
05  {
06      public static void main(String args[]) throws IOException
07      {
08          int i,j,val=1,num;
```

```
09              int data[]=new int[50];
10              String strM;
11              BufferedReader keyin=new BufferedReader(new InputStreamReader(System.in));
12              for (i=0;i<50;i++)
13              {
14                  data[i]=val;
15                  val+=((int)(Math.random()*100)%5+1);
16
17              }
18              while(true)
19              {
20                  num=0;
21                  System.out.print(" 請輸入搜尋鍵值 (1-"+data[49]+")，輸入 -1 結束：");
22                  strM=keyin.readLine();
23                  val=Integer.parseInt(strM);
24                  if(val==-1)
25                      break;
26                  num=interpolation(data,val);
27                  if(num==-1)
28                      System.out.print("##### 沒有找到 ["+val+"] #####\n");
29                  else
30                      System.out.print(" 在第 "+(num+1)+" 個位置找到 ["+data[num]+"]\n");
31              }
32          System.out.print(" 資料內容：\n");
33          for(i=0;i<5;i++)
34          {
35              for(j=0;j<10;j++)
36                  System.out.print((i*10+j+1)+"-"+data[i*10+j]+" ");
37              System.out.print("\n");
38          }
39      }
40      public static int interpolation(int data[],int val)
41      {
42          int low,mid,hiqh;
43          low-0;
44          high=49;
45          int tmp;
46          System.out.print(" 搜尋處理中 ......\n");
47          while(low<= high && val !=-1 )
48          {
49              tmp=(int)((float)(val-data[low])*(high-low)/(data[high]-data[low]));
50              mid=low+tmp;        // 內插法公式
```

```
51              if (mid>50 || mid<-1)
52                  return -1;
53              if (val<data[low] && val<data[high])
54                  return -1;
55              else if (val>data[low] && val>data[high])
56                  return-1;
57              if (val==data[mid])
58                  return mid;
59              else if (val < data[mid])
60              {
61                  System.out.print(val+" 介於位置 "+(low+1)+"["+data[low]+"]
                    及中間值 "+(mid+1)+"["+data[mid]+"]，找左半邊 \n");
62                      high=mid-1;
63              }
64              else if(val > data[mid])
65              {
66                  System.out.print(val+" 介於中間值位置 "+(mid+1)+"["+data
                        [mid]+"] 及 "+(high+1)+"["+data[high]+"]，找右半邊 \n");
67                      low=mid+1;
68              }
69          }
70          return -1;
71      }
72  }
```

執行結果

```
D:\Java\ch05>java Inter.java
請輸入搜尋鍵值(1-162)，輸入-1結束：60
搜尋處理中......
60 介於中間值位置 18[53]及 50[162]，找右半邊
60 介於中間值位置 19[57]及 50[162]，找右半邊
#### 沒有找到[60] ####
請輸入搜尋鍵值(1-162)，輸入-1結束：57
搜尋處理中......
57 介於中間值位置 18[53]及 50[162]，找右半邊
在第 19個位置找到 [57]
請輸入搜尋鍵值(1-162)，輸入-1結束：-1
資料內容：
1-1 2-5 3-8 4-12 5-14 6-17 7-18 8-22 9-24 10-26
11-27 12-32 13-36 14-39 15-44 16-47 17-52 18-53 19-57 20-61
21-62 22-63 23-66 24-70 25-74 26-76 27-80 28-85 29-89 30-94
31-96 32-100 33-103 34-108 35-113 36-115 37-120 38-122 39-127 40-132
41-137 42-140 43-144 44-148 45-151 46-153 47-154 48-156 49-159 50-162

D:\Java\ch05>
```

5-5 費氏搜尋演算法

費氏搜尋演算法（Fibonacci Search）又稱費伯那搜尋法，此法和二分搜尋法一樣都是以切割範圍來進行搜尋，不同的是費氏搜尋法不以對半切割，而是以費氏級數的方式切割。

費氏級數 $F(n)$ 的定義如下：

$$\begin{cases} F_0=0 \ , F_1=1 \\ F_i=F_{i-1}+F_{i-2} \ , i \geqq 2 \end{cases}$$

費氏級數：0,1,1,2,3,5,8,13,21,34,55,89,...。也就是除了第 0 及第 1 個元素外，每個值都是前兩個值的加總。

費氏搜尋演算法的好處是只用到加減運算而不需用到乘法及除法，這以電腦運算的過程來看效率會高於前兩種搜尋法。在尚未介紹費氏搜尋法之前，我們先來認識費氏搜尋樹。所謂費氏搜尋樹是以費氏級數的特性所建立的二元樹，其建立的原則如下：

① 費氏樹的左右子樹均亦為費氏樹。

② 當資料個數 n 決定，若想決定費氏樹的階層 k 值為何，我們必須找到一個最小的 k 值，使得費氏級數的 Fib(k+1) ≧ n+1。

③ 費氏樹的樹根定為一費氏數，且子節點與父節點的差值絕對值為費氏數。

④ 當 k ≥ 2 時，費氏樹的樹根為 Fib(k)，左子樹為 (k-1) 階費氏樹（其樹根為 Fib(k-1)），右子樹為 (k-2) 階費氏樹（其樹根為 Fib(k)+Fib(k-2)）。

⑤ 若 n+1 值不為費氏數的值,則可以找出存在一個 m 使用 Fib(k+1)-m=n+1, m=Fib(k+1)-(n+1),再依費氏樹的建立原則完成費氏樹的建立,最後費氏樹的各節點再減去差值 m 即可,並把小於 1 的節點去掉即可。

費氏樹的建立程序概念圖,我們以下圖為您示範說明:

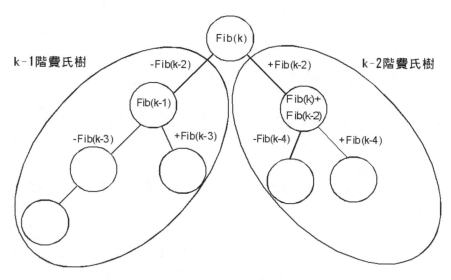

【k階費氏樹示意圖】

也就是說當資料個數為 n,且我們找到一個最小的費氏數 Fib(k+1) 使得 Fib(k+1)>n+1,則 Fib(k) 就是這棵費氏樹的樹根,而 Fib(k-2) 則是與左右子樹開始的差值,左子樹用減的、右子樹用加的。以下來實際求取 n=33 的費氏樹:

由於 n=33,且 n+1=34 為一費氏樹,且我們知道費氏數列的三項特性:

```
Fib(0)=0
Fib(1)=1
Fib(k)=Fib(k-1)+Fib(k-2)
```

得知 Fib(0)=0、Fib(1)=1、Fib(2)=1、Fib(3)=2、Fib(4)=3、Fib(5)=5

Fib(6)=8、Fib(7)=13、Fib(8)=21、Fib(9)=34

由上式可得知 Fib(k+1)=34 → k=8，建立二元樹的樹根為 Fib(8)=21

左子樹樹根為 Fib(8-1)=Fib(7)=13

右子樹樹根為 Fib(8)+Fib(8-2)=21+8=29

依此原則我們可以建立如下的費氏樹：

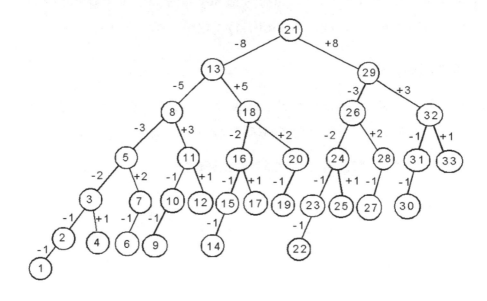

費氏搜尋法是以費氏樹來找尋資料，如果資料的個數為 n，而且 n 比某一費氏數小，且滿足如下的運算式：

```
Fib(k+1) ≧ n+1
```

此時 Fib(k) 就是這棵費氏樹的樹根,而 Fib(k-2) 則是與左右子樹開始的差值,若我們要尋找的鍵值為 key,首先比較陣列索引 Fib(k) 和鍵值 key,此時可以有下列三種比較情況:

① 當 key 值比較小,表示所找的鍵值 key 落在 1 到 Fib(k)-1 之間,故繼續尋找 1 到 Fib(k)-1 之間的資料。

② 如果鍵值與陣列索引 Fib(k) 的值相等,表示成功搜尋到所要的資料。

③ 當 key 值比較大,表示所找的鍵值 key 落在 Fib(k)+1 到 Fib(k+1)-1 之間,故繼續尋找 Fib(k)+1 到 Fib(k+1)-1 之間的資料。

費氏搜尋法分析

① 平均而言,費氏搜尋法的比較次數會少於二元搜尋法,但在最壞的情況下則二元搜尋法較快。其平均時間複雜度為 $O(\log_2 N)$。

② 費氏搜尋演算法較為複雜,需額外產生費氏樹。

想一想，怎麼做？

1. 若有 n 筆資料已排序完成，請問用二元搜尋法找尋其中某一筆資料，其搜尋時間約為？ (A)O(log²n) (B)O(n) (C)O(n²) (D)O(log₂n)

2. 請問使用二元搜尋法 (Binary Search) 的前提條件是什麼？

3. 有關二元搜尋法，下列敘述何者正確？ (A) 檔案必須事先排序 (B) 當排序資料非常小時，其時間會比循序搜尋法慢 (C) 排序的複雜度比循序搜尋法高 (D) 以上皆正確

4. 費氏搜尋法搜尋的過程中，算術運算比二元搜尋法簡單，請問上述說明是否正確？

5. 假設 A[i]=2i，1 ≤ i ≤ n。若欲搜尋鍵值為 2k-1，請以內插搜尋法進行搜尋，試求須比較幾次才能確定此為一失敗搜尋？

6. 試寫出下列一組資料（1,2,3,6,9,11,17,28,29,30,41,47,53,55,67,78），以內插搜尋法找到 9 的過程。

MEMO

6

全方位應用的陣列與串列演算法

- 矩陣演算法與深度學習
- 陣列與多項式
- 徹底玩轉單向串列演算法

陣列與鏈結串列都是相當重要的結構化資料型態（Structured Data Type），也都是一種典型線性串列的應用，線性串列也可應用在電腦中的資料儲存結構，基本上按照記憶體儲存的方式，可區分為以下兩種方式：

📢 靜態資料結構（Static Data Structure）

陣列型態就是典型的靜態資料結構，是一種將有序串列的資料使用連續記憶空間（Contiguous Allocation）來儲存。靜態資料結構的記憶體配置是在編譯時，就必須配置給相關的變數，因此在建立初期，必須事先宣告最大可能的固定記憶空間，容易造成記憶體的浪費，優點是設計時相當簡單及讀取，且修改串列中任一元素的時間都固定，缺點則是刪除或加入資料時，需要移動大量的資料。

📢 動態資料結構（dynamic data structure）

鏈結串列（linked list）又稱為動態資料結構，使用不連續記憶空間來儲存，優點是資料的插入或刪除都相當方便，不需要移動大量資料。另外動態資料結構的記憶體配置是在執行時才發生，所以不需事先宣告，能夠充份節省記憶體。缺點就是在設計資料結構時較為麻煩，另外在搜尋資料時，也無法像靜態資料一般可以隨機讀取資料，必須透過循序方法找到該資料為止。

6-1 矩陣演算法與深度學習

從數學的角度來看，對於 m*n 矩陣（Matrix）的形式，可以利用電腦中 A(m,n) 二維陣列來描述，因此許多矩陣的相關運算與應用，都是使用電腦中的陣列結構來解決。如下圖 A 矩陣，各位是否立即想到了一個宣告為 A(1:3,1:3) 的二維陣列。

$$A = \begin{bmatrix} a_{11} & a_{12} & a_{13} \\ a_{21} & a_{22} & a_{23} \\ a_{31} & a_{32} & a_{33} \end{bmatrix}_{3\times3}$$

例如在 3D 圖學中也經常使用矩陣，因為它可用來清楚的表示模型資料的投影、擴大、縮小、平移、偏斜與旋轉等等運算。

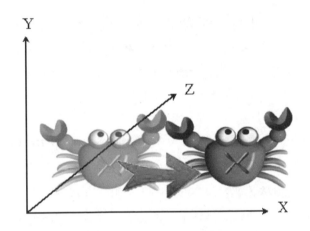

【 矩陣平移是物體在 **3D** 世界向著某一個向量方向移動 】

> **TIPS** 在三維空間中，向量以 (a, b, c) 表示，其中 a、b、c 分別表示向量在 x、y、z 軸的分量。在下圖中的 A 向量是一個由原點出發指向三維空間中的一個點 (a, b, c)，也就是說，向量同時包含了大小及方向兩種特性，所謂的單位向量，指的是向量長度（norm）為 1 的向量。通常在向量計算時，為了降低計算上的複雜度，會以單位向量（Unit Vector）來進行運算，所以使用向量表示法就可以指明某變量的大小與方向。
>
>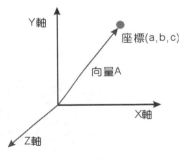

　　至於深度學習（Deep Learning, DL）則是目前最熱門的話題，不但是人工智慧（AI）的一個分支，也可以看成是具有層次性的機器學習法（Machine Learning, ML），更將 AI 推向類似人類學習模式的優異發展，在深度學習中，線性代數是一個強大的數學工具箱，常常遇到需要使用大量的矩陣運算來提高計算效率。

　　自從擁有超多核心的 GPU（Graphics Processing Unit）面世之後，不但能有效處理平行運算（Parallel Computing），還可以大幅增加運算效能，加上 GPU 是以向量和矩陣運算為基礎，大量的矩陣運算可以分配給這些為數眾多的核心同步進行處理，也使得人工智慧領域正式進入實用階段，成為下個世代不可或缺的技術之一。

　　深度學習是源自於類神經網路（Artificial Neural Network）模型，並且結合了神經網路架構與大量的運算資源，目的在於讓機器建立與模擬人腦進行學習的神經網路，以解釋大數據中圖像、聲音和文字等多元資料。最為人津津樂道的深度學習應用，當屬 Google Deepmind 開發的 AI 圍棋程式－ AlphaGo，接連大敗歐洲和南韓圍棋棋王，AlphaGo 的設計精神是將大量的棋譜資料輸入，透過深度學習掌握更抽象的概念，讓 AlphaGo 學習下圍棋的方法，創下連勝 60 局的佳績，並且不斷反覆跟自己比賽來調整神經網路。

【AlphaGo 接連大敗歐洲和南韓圍棋棋王】

科技新知，不可不知

類神經網路是模仿生物神經網路的數學模式，取材於人類大腦結構，使用大量簡單而相連的人工神經元（Neuron）來模擬生物神經細胞受特定程度刺激而反應刺激架構為基礎的研究，透過神經網路模型建立出系統模型，便可用於推估、預測、決策、診斷的相關應用。要使得類神經網路能正確的運作，必須透過訓練的方式，讓類神經網路反覆學習，經過一段時間的經驗值，才能有效學習到初步運作的模式。由於神經網路是將權重存儲在矩陣中，矩陣多半是多維模式，以便考慮各種參數組合，當然就會牽涉到「矩陣」的大量運算。

【類神經網路的原理也可以應用在電腦遊戲中】

6-1-1　矩陣相加演算法

矩陣的相加運算較為簡單，前提是相加的兩矩陣列數與行數都必須相等，而相加後矩陣的列數與行數也是相同，例如 $A_{m \times n} + B_{m \times n} = C_{m \times n}$。以下來實際進行一個矩陣相加的例子：

$$\begin{bmatrix} 1 & 3 & 5 \\ 7 & 9 & 11 \\ 13 & 15 & 17 \end{bmatrix}_{3 \times 3} + \begin{bmatrix} 9 & 8 & 7 \\ 6 & 5 & 4 \\ 3 & 2 & 1 \end{bmatrix}_{3 \times 3} = \begin{bmatrix} 10 & 11 & 12 \\ 13 & 14 & 15 \\ 16 & 17 & 18 \end{bmatrix}_{3 \times 3}$$

A 矩陣　　　　　　　　**B 矩陣**　　　　　　　　**C 矩陣**

範例 **Add.java** ┃ 請設計一 Java 程式，來實作 2 個 3*3 矩陣相加的過程，並顯示兩矩陣相加後的結果。

```
01   // 程式目的: 兩個矩陣相加的運算
02
03   import java.io.*;
04   public    class Add
05   {
06       public static void MatrixAdd(int arrA[][],int arrB[][],int arrC[]
             [],int dimX,int dimY)
07       {
08           int row,col;
09           if(dimX<=0||dimY<=0)
10           {
11               System.out.println(" 矩陣維數必須大於 0");
12               return;
13           }
14           for(row=1;row<=dimX;row++)
15           {
16               for(col=1;col<=dimY;col++)
17               {
18                   arrC[(row-1)][(col-1)]=arrA[(row-1)][(col-1)]+arrB[(row-1)][(col-1)];
19               }
20           }
21       }
22       public static void main(String args[]) throws IOException
23
24       {
25           int i;
26           int j;
27           final int ROWS = 3;
28           final int COLS =3;
29           int [][] A= {{1,3,5},
30                        {7,9,11},
31                        {13,15,17}};
32           int [][] B= {{9,8,7},
33                        {6,5,4},
34                        {3,2,1}};
35           int [][] C= new int[ROWS][COLS];
36               System.out.println("[ 矩陣 A 的各個元素 ]");   // 印出矩陣 A 的內容
37           for(i=0;i<3;i++)
```

```
38              {
39                  for(j=0;j<3;j++)
40                      System.out.print(A[i][j]+" \t");
41                  System.out.println();
42              }
43              System.out.println("[ 矩陣 B 的各個元素 ]");      // 印出矩陣 B 的內容
44              for(i=0;i<3;i++)
45              {
46                  for(j=0;j<3;j++)
47                      System.out.print(B[i][j]+" \t");
48                  System.out.println();
49              }
50              MatrixAdd(A,B,C,3,3);
51              System.out.println("[ 顯示矩陣 A 和矩陣 B 相加的結果 ]");// 印出 A+B 的內容
52              for(i=0;i<3;i++)
53              {
54                  for(j=0;j<3;j++)
55                      System.out.print(C[i][j]+" \t");
56                  System.out.println();
57              }
58          }
59      }
```

🖊 執行結果

```
D:\Java\ch06>java Add.java
[矩陣A的各個元素]
1          3          5
7          9          11
13         15         17
[矩陣B的各個元素]
9          8          7
6          5          4
3          2          1
[顯示矩陣A和矩陣B相加的結果]
10         11         12
13         14         15
16         17         18

D:\Java\ch06>
```

6-1-2 矩陣相乘

談到兩個矩陣 A 與 B 的相乘，是有某些條件限制。首先必須符合 A 為一個 m*n 的矩陣，B 為一個 n*p 的矩陣，A*B 之後的結果為一個 m*p 的矩陣 C。如下圖所示：

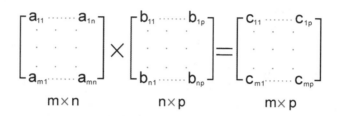

$$C_{11} = a_{11} * b_{11} + a_{12} * b_{21} + \ldots\ldots + a_{1n} * b_{n1}$$
$$\vdots$$
$$C_{1p} = a_{11} * b_{1p} + a_{12} * b_{2p} + \ldots\ldots + a_{1n} * b_{np}$$
$$\vdots$$
$$C_{mp} = a_{m1} * b_{1p} + a_{m2} * b_{2p} + \ldots\ldots + a_{mn} * b_{np}$$

範例 Mul.java ┃ 請設計一 Java 程式來實作下列兩個可自行輸入矩陣維數的相乘過程，並顯示相乘後的結果。

```
01   // 運算兩個矩陣相乘的結果
02
03   import java.io.*;
04   public    class Mul
05   {
06       public static void main(String args[]) throws IOException
07
08       {
09           int M,N,P;
10           int i,j;
11           String strM;
12           String strN;
13           String strP;
```

```
14          String tempstr;
15          BufferedReader keyin=new BufferedReader(new InputStreamReader(System.in));
16          System.out.println("請輸入矩陣 A 的維數 (M,N)：");
17          System.out.print("請先輸入矩陣 A 的 M 值：");
18          strM=keyin.readLine();
19          M=Integer.parseInt(strM);
20          System.out.print("接著輸入矩陣 A 的 N 值：");
21          strN=keyin.readLine();
22          N=Integer.parseInt(strN);
23          int A[][]=new int[M][N];
24          System.out.println("[請輸入矩陣 A 的各個元素]");
25          System.out.println("注意！每輸入一個值按下 Enter 鍵確認輸入");
26          for(i=0;i<M;i++)
27              for(j=0;j<N;j++)
28                  {
29                  System.out.print("a"+i+j+"=");
30                  tempstr=keyin.readLine();
31                  A[i][j]=Integer.parseInt(tempstr);
32                  }
33          System.out.println("請輸入矩陣 B 的維數 (N,P)：");
34          System.out.print("請先輸入矩陣 B 的 N 值：");
35          strN=keyin.readLine();
36          N=Integer.parseInt(strN);
37          System.out.print("接著輸入矩陣 B 的 P 值：");
38          strP=keyin.readLine();
39          P=Integer.parseInt(strP);
40          int B[][]=new int[N][P];
41          System.out.println("[請輸入矩陣 B 的各個元素]");
42          System.out.println("注意！每輸入一個值按下 Enter 鍵確認輸入");
43          for(i=0;i<N;i++)
44              for(j=0;j<P;j++)
45                  {
46                  System.out.print("b"+i+j+"=");
47                  tempstr=keyin.readLine();
48                  B[i][j]=Integer.parseInt(tempstr);
49                  }
50          int C[][]=new int[M][P];
51          MatrixMultiply(A,B,C,M,N,P);
52          System.out.println("[AxB 的結果是]");
53          for(i=0;i<M;i++)
54          {
55              for(j=0;j<P;j++)
56                  {
57                  System.out.print(C[i][j]);
58                  System.out.print('\t');
59                  }
60              System.out.println();
```

```
61              }
62          }
63      public static void MatrixMultiply(int arrA[][],int arrB[][],int
        arrC[][],int M,int N,int P)
64      {
65          int i,j,k,Temp;
66          if(M<=0||N<=0||P<=0)
67          {
68              System.out.println("[錯誤：維數 M,N,P 必須大於 0]");
69              return;
70          }
71          for(i=0;i<M;i++)
72              for(j=0;j<P;j++)
73              {
74                  Temp = 0;
75                  for(k=0;k<N;k++)
76                      Temp = Temp + arrA[i][k]*arrB[k][j];
77                  arrC[i][j] = Temp;
78              }
79      }
80  }
```

執行結果

```
D:\Java\ch06>java Mul.java
請輸入矩陣A的維數(M,N):
請先輸入矩陣A的M值: 2
接著輸入矩陣A的N值: 3
[請輸入矩陣A的各個元素]
注意！每輸入一個值按下Enter鍵確認輸入
a00=1
a01=2
a02=3
a10=4
a11=5
a12=6
請輸入矩陣B的維數(N,P):
請先輸入矩陣B的N值: 3
接著輸入矩陣B的P值: 2
[請輸入矩陣B的各個元素]
注意！每輸入一個值按下Enter鍵確認輸入
b00=1
b01=2
b10=3
b11=2
b20=5
b21=8
[AxB的結果是]
22      30
49      66

D:\Java\ch06>
```

6-1-3　轉置矩陣

轉置矩陣（A'）是把原矩陣的行座標元素與列座標元素相互調換，假設 A' 為 A 的轉置矩陣，則有 A'[j,i]=A[i,j]，如下圖所示：

$$A = \begin{bmatrix} 1 & 2 & 3 \\ 4 & 5 & 6 \\ 7 & 8 & 9 \end{bmatrix}_{3 \times 3} \qquad A^t = \begin{bmatrix} 1 & 4 & 7 \\ 2 & 5 & 8 \\ 3 & 6 & 9 \end{bmatrix}_{3 \times 3}$$

範例 Tran.java ▌ 請設計一 Java 程式，可任意輸入 m 與 n 值，來實作一 m*n 二維陣列的轉置矩陣。

```
01   // 求出 MxN 矩陣的轉置矩陣
02
03   import java.io.*;
04   public    class Tran
05   {
06       public static void main(String args[]) throws IOException
07
08       {
09           int M,N,row,col;
10           String strM;
11           String strN;
12           String tempstr;
13           BufferedReader keyin=new BufferedReader(new InputStreamReader(System.in));
14           System.out.println("[ 輸入 MxN 矩陣的維度 ]");
15           System.out.print(" 請輸入維度 M: ");
16           strM=keyin.readLine();
17           M=Integer.parseInt(strM);
18           System.out.print(" 請輸入維度 N: ");
19           strN=keyin.readLine();
20           N=Integer.parseInt(strN);
21           int arrA[][]=new int[M][N];
22           int arrB[][]=new int[N][M];
23           System.out.println("[ 請輸入矩陣內容 ]");
```

```
24          for(row=1;row<=M;row++)
25          {
26              for(col=1;col<=N;col++)
27              {
28                  System.out.print("a"+row+col+"=");
29                  tempstr=keyin.readLine();
30                  arrA[row-1][col-1]=Integer.parseInt(tempstr);
31              }
32          }
33          System.out.println("[ 輸入矩陣內容為 ]\n");
34          for(row=1;row<=M;row++)
35          {
36              for(col=1;col<=N;col++)
37              {
38                  System.out.print(arrA[(row-1)][(col-1)]);
39                  System.out.print('\t');
40              }
41              System.out.println();
42          }
43          // 進行矩陣轉置的動作
44          for(row=1;row<=N;row++)
45              for(col=1;col<=M;col++)
46                  arrB[(row-1)][(col-1)]=arrA[(col-1)][(row-1)];
47
48          System.out.println("[ 轉置矩陣內容為 ]");
49          for(row=1;row<=N;row++)
50          {
51              for(col=1;col<=M;col++)
52              {
53                  System.out.print(arrB[(row-1)][(col-1)]);
54                  System.out.print('\t');
55              }
56              System.out.println();
57          }
58      }
59  }
```

📝 **執行結果**

```
D:\Java\ch06>java Tran.java
[輸入MxN矩陣的維度]
請輸入維度M: 4
請輸入維度N: 3
[請輸入矩陣內容]
a11=1
a12=2
a13=3
a21=4
a22=5
a23=6
a31=7
a32=8
a33=9
a41=10
a42=11
a43=12
[輸入矩陣內容為]

1        2        3
4        5        6
7        8        9
10       11       12
[轉置矩陣內容為]
1        4        7        10
2        5        8        11
3        6        9        12

D:\Java\ch06>
```

6-1-4　稀疏矩陣

　　最簡單的定義就是一個矩陣中大部份的元素為 0，即可稱為「稀疏矩陣」（Sparse Matrix）。下列的矩陣就是典型的稀疏矩陣。

$$
\begin{bmatrix}
25 & 0 & 0 & 32 & 0 & -25 \\
0 & 33 & 77 & 0 & 0 & 0 \\
0 & 0 & 0 & 55 & 0 & 0 \\
0 & 0 & 0 & 0 & 0 & 0 \\
101 & 0 & 0 & 0 & 0 & 0 \\
0 & 0 & 38 & 0 & 0 & 0
\end{bmatrix}
\quad 6 \times 6
$$

當然如果直接使用傳統的二維陣列來儲存上圖的稀疏矩陣也是可以，但事實上有許多元素都是 0，當矩陣很大時，就會十分浪費記憶體空間。

而改進空間浪費的方法就是利用三項式（3-tuple）的資料結構。我們把每一個非零項目以（i, j, item-value）來表示。更詳細的形容是，假如一個稀疏矩陣有 n 個非零項目，那麼可以利用一個 A(0:n, 1:3) 的二維陣列來表示。

其中 A(0,1) 代表此稀疏矩陣的列數，A(0,2) 代表此稀疏矩陣的行數，而 A(0,3) 則是此稀疏矩陣非零項目的總數。另外每一個非零項目以（i, j, item-value）來表示，其中 i 為此非零項目所在的列數，j 為此非零項目所在的行數，item-value 則為此非零項的值。以上圖 6*6 稀疏矩陣為例，可以如下表示：

	1	2	3
0	6	6	8
1	1	1	25
2	1	4	32
3	1	6	-25
4	2	2	33
5	2	3	77
6	3	4	55
7	5	1	101
8	6	3	38

A(0,1)=> 表示此矩陣的列數

A(0,2)=> 表示此矩陣的行數

A(0,3)=> 表示此矩陣非零項目的總數

這種利用 3 項式（3-tuple）資料結構來壓縮稀疏矩陣，可以減少記憶體不必要的浪費。

範例 Sparse.java ┃ 請設計一 Java 程式，並利用 3 項式（3-tuple）資料結構，來壓縮 8*8 稀疏矩陣，以達到減少記憶體不必要的浪費。

```
01    // 壓縮稀疏矩陣並輸出結果
02
03    import java.io.*;
04    public    class Sparse
05    {
06        public static void main(String args[]) throws IOException
07        {
```

```
08              final int _ROWS =8;              // 定義列數
09              final int _COLS =9;              // 定義行數
10              final int _NOTZERO =8;           // 定義稀疏矩陣中不為 0 的個數
11          int i,j,tmpRW,tmpCL,tmpNZ;
12          int temp=1;
13          int Sparse[][]=new int[_ROWS][_COLS];     // 宣告稀疏矩陣
14          int Compress[][]=new int[_NOTZERO+1][3];  // 宣告壓縮矩陣
15          for (i=0;i<_ROWS;i++)                    // 將稀疏矩陣的所有元素設為 0
16              for (j=0;j<_COLS;j++)
17                  Sparse[i][j]=0;
18          tmpNZ=_NOTZERO;
19          for (i=1;i<tmpNZ+1;i++)
20          {
21              tmpRW=(int)(Math.random()*100);
22              tmpRW = (tmpRW % _ROWS);
23              tmpCL=(int)(Math.random()*100);
24              tmpCL = (tmpCL % _COLS);
25              if(Sparse[tmpRW][tmpCL]!=0)    // 避免同一個元素設定兩次數值而造成壓
                                                 縮矩陣中有 0
26                  tmpNZ++;
27              Sparse[tmpRW][tmpCL]=i;          // 隨機產生稀疏矩陣中非零的元素值
28          }
29          System.out.println("[ 稀疏矩陣的各個元素 ]");  // 印出稀疏矩陣的各個元素
30          for (i=0;i<_ROWS;i++)
31          {
32              for (j=0;j<_COLS;j++)
33                  System.out.print(Sparse[i][j]+" ");
34              System.out.println();
35          }
36          /* 開始壓縮稀疏矩陣 */
37          Compress[0][0] = _ROWS;
38          Compress[0][1] = _COLS;
39          Compress[0][2] = _NOTZERO;
40          for (i-0;i<_ROWS;i++)
41              for (j=0;j<_COLS;j++)
42                  if (Sparse[i][j] != 0)
43                  {
44                      Compress[temp][0]=i;
45                      Compress[temp][1]=j;
46                      Compress[temp][2]=Sparse[i][j];
47                      temp++;
48                  }
```

```
49          System.out.println("[稀疏矩陣壓縮後的內容]");  // 印出壓縮矩陣的各個元素
50          for (i=0;i<_NOTZERO+1;i++)
51          {
52              for (j=0;j<3;j++)
53                  System.out.print(Compress[i][j]+" ");
54              System.out.println();
55          }
56      }
57  }
```

執行結果

```
D:\Java\ch06>java Sparse.java
[稀疏矩陣的各個元素]
0 0 0 0 0 0 0 0 0
0 0 0 0 0 4 8 0 0
0 0 0 0 7 6 0 0 0
9 0 0 0 0 0 0 0 0
0 0 0 0 0 0 5 0
0 0 0 0 0 2 0 0
0 0 0 0 0 0 0 0
0 0 0 3 0 0 0 0
[稀疏矩陣壓縮後的內容]
8 9 8
1 5 4
1 6 8
2 4 7
2 5 6
3 0 9
4 7 5
5 6 2
7 4 3

D:\Java\ch06>
```

　　各位清楚了壓縮稀疏矩陣的儲存方法後，我們還要簡單說明稀疏矩陣的相關運算，例如轉置矩陣的問題就是挺有趣的。依照轉置矩陣的基本定義，對於任何稀疏矩陣而言，它的轉置矩陣仍然是一個稀疏矩陣。

如果直接將此稀疏矩陣轉換，因為只利用兩個 for 迴圈，所以時間複雜度可以視為 O(columns*rows)。如果說我們利用一個用三項式表示的壓縮矩陣，它首先會決定在原始稀疏矩陣中每一行的元素個數。根據這個原因，就可以事先決定轉置矩陣中每一列的起始位置，接著再將原始稀疏矩陣中的元素一個個地放到在轉置矩陣中的相關正確位置。這樣的做法可以將時間複雜度調整到 O(columns+rows)。

6-2　陣列與多項式

多項式是數學中相當重要的表現方式，通常如果使用電腦來處理多項式的各種相關運算，可以將多項式以陣列（Array）或鏈結串列（Linked List）來儲存。本節中，我們還是集中討論多項式以陣列結構表示的相關應用。

6-2-1　多項式陣列表示法

假如一個多項式 $P(x)=a_nx^n+a_{n-1}x^{n-1}+\cdots\cdots+a_1x+a_0$，則稱 $P(x)$ 為一 n 次多項式。而一個多項式使用陣列結構儲存在電腦中的話，可以使用以下兩種模式：

❶ 使用一個 n+2 長度的一維陣列存放，陣列的第一個位置儲存最大指數 n，其他位置依照指數 n 遞減，依序儲存相對應的係數：

$P=(n,a_n,a_{n-1},\cdots\cdots,a_1,a_0)$ 儲存在 A(1:n+2)，例如 $P(x)=2x^5+3x^4+5x^2+4x+1$，可轉換為 A 陣列來表示，例如：

```
A={5,2,3,0,5,4,1}
```

使用這種表示法的優點就是在電腦中運用時，對於多項式的各種運算
（如加法與乘法）較為方便設計。不過如果多項式的係數多半為零，如
$x^{100}+1$，就顯得太浪費空間了。

❷ 只儲存多項式中非零項目。如果有 m 項非零項目，則使用 2m+1 長的陣列
來儲存每一個非零項的指數及係數，但陣列的第一個元素則為此多項式非
零項的個數。

例如 $P(x)=2x^5+3x^4+5x^2+4x+1$，可表示成 A(1:2m+1) 陣列，例如：

```
A={5,2,5,3,4,5,2,4,1,1,0}
```

這種方法的優點是可以節省不必要的記憶空間浪費，但缺點則是在多項式
各種演算法設計時，會較為複雜許多。

範例 Pol.java ┃ 以本節所介紹的第一種多項式表示法設計一個 Java 程
式，來進行兩多項式 $A(x)=3x^4+7x^3+6x+2$，$B(x)=x^4+5x^3+2x^2+9$ 的加法
運算。

```
01    // 將兩個最高次方相等的多項式相加後輸出結果
02
03    import java.io.*;
04    public    class Pol
05    {
06        final static int ITEMS=6;
07        public static void main(String args[]) throws IOException
08        {
09            int [] PolyA={4,3,7,0,6,2};            // 宣告多項式 A
10            int [] PolyB={4,1,5,2,0,9};            // 宣告多項式 B
11            System.out.print(" 多項式 A=> ");
12            PrintPoly(PolyA,ITEMS);                // 印出多項式 A
13            System.out.print(" 多項式 B=> ");
14            PrintPoly(PolyB,ITEMS);                // 印出多項式 B
15            System.out.print("A+B => ");
```

```
16              PolySum(PolyA,PolyB);                    // 多項式 A+ 多項式 B
17      }
18      public static void PrintPoly(int Poly[],int items)
19      {
20          int i,MaxExp;
21          MaxExp=Poly[0];
22          for(i=1;i<=Poly[0]+1;i++)
23          {
24              MaxExp--;
25              if(Poly[i]!=0)                            // 如果該項式 0 就跳過
26              {
27                  if((MaxExp+1)!=0)
28                      System.out.print(Poly[i]+"X^"+(MaxExp+1));
29                  else
30                      System.out.print(Poly[i]);
31                  if(MaxExp>=0)
32                      System.out.print('+');
33              }
34          }
35          System.out.println();
36      }
37      public static void PolySum(int Poly1[],int Poly2[])
38      {
39          int i;
40          int result[]= new int [ITEMS];
41          result[0] = Poly1[0];
42          for(i=1;i<=Poly1[0]+1;i++)
43          result[i]=Poly1[i]+Poly2[i];          // 等冪的係數相加
44          PrintPoly(result,ITEMS);
45      }
46  }
```

執行結果

```
D:\Java\ch06>java Pol.java
多項式A=> 3X^4+7X^3+6X^1+2
多項式B=> 1X^4+5X^3+2X^2+9
A+B => 4X^4+12X^3+2X^2+6X^1+11

D:\Java\ch06>
```

6-3 徹底玩轉單向串列演算法

通常在其他程式語言中，如 C 或 C++ 語言，是以指標（pointer）型態來處理串列型態的結構。不過由於在 Java 程式語言中沒有指標型態，所以可以宣告鏈結串列為類別型態。在其他語言中，當配置的記憶體已不再使用時，就必須釋放該記憶體空間，但由於 Java 語言的記憶體管理有垃圾回收機制，所以沒有記憶體回收的問題。

例如在 Java 語言中要模擬鏈結串列中的節點，必須宣告如下的 Node 類別：

```java
class Node
{
    int data;
    Node next;
    public Node(int data)  // 節點宣告的建構子
    {
        this.data=data;
        this.next=null;
    }
}
```

接著可以宣告鏈結串列 LinkedList 類別，該類別定義兩個 Node 類別節點指標，分別指向鏈結串列的第 1 節點及最後 1 個節點，如下所示：

```java
class LinkedList
{
    private Node first;
    private Node last;
    // 定義類別的方法
    .....................
    .....................
}
```

　　另外如果鏈結串列中的節點不只記錄單一數值，例如每一個節點除了有指向下一個節點的指標欄位外，還包括了記錄一位學生的姓名（name）、座號（no）、成績（score），則其鏈結串列的圖示如下：

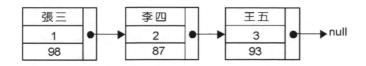

　　在 Java 中要模擬鏈結串列中的此類節點，其 Node 類別的語法可以宣告如下：

```java
class Node
{
    String      name;
    int         no;
    int         score;
    Node        next;
    public Node(String name,int no,int score)
    {
        this.name=name;
        this.no=no;
        this.score=score;
        this.next=null;
    }
}
```

　　現在我們嘗試使用 Java 語言的單向鏈結串列處理以下學生的成績問題。學生成績處理會有以下欄位。

座號	姓名	成績
01	黃小華	85
02	方小源	95
03	林大暉	68
04	孫阿毛	72
05	王小明	79

首先必須宣告節點的資料型態，讓每一個節點包含一筆資料，並且包含指向下一筆資料的指標，使所有資料能被串在一起而形成一個串列結構，如下圖：

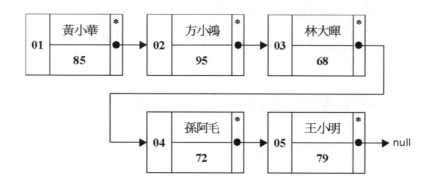

以下我們將詳細說明此工作原理：

STEP **1** 建立新節點。

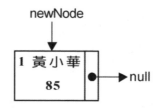

STEP **2** 將鏈結串列的 first 及 last 指標欄指向 newNode。

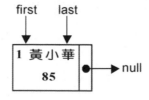

STEP **3** 建立另一個新節點。

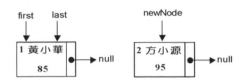

STEP **4** 將兩個節點串起來。

last.next=newNode;

last=newNode;

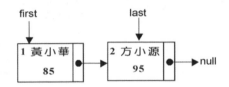

STEP **5** 依序完成如下圖所示的鏈結串列結構。

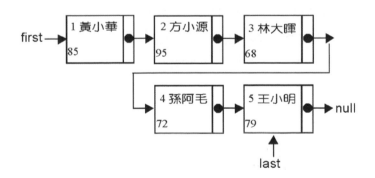

　　另外由於串列中所有節點都知道節點本身的下一個節點在哪裡，但是對於前一個節點卻是沒有辦法知道，所以「串列首」就顯得相當重要。

無論如何，只要有串列首存在，就可以對整個串列進行走訪、加入及刪除節點等動作。而之前建立的節點若沒有串起來就會形成無人管理的節點，並一直佔用記憶體空間。因此在建立串列時必須有一串列指標指向串列首，並且除非必要否則不可移動串列首指標。

我們可以先建立 LinkedList.java 程式，在此程式中會宣告 Node 類別及 LinkedList 類別，在 LinkedList 類別中，除了定義兩個 Node 類別節點指標，分別指向鏈結串列的第 1 個節點及最後 1 個節點外，並在該類別中宣告三個方法：

方法名稱	功能說明
public boolean isEmpty()	用來判斷目前的鏈結串列是否為空串列。
public void print()	用來將目前的鏈結串列內容列印出來。
public void insert(int data,String names,int np)	用來將指定的節點資料插入至目前的鏈結串列。

範例 LinkedList.java ┃ 請設計一 **Java** 程式，可以讓使用者輸入資料來新增學生資料節點，與建立一個單向鏈結串列。

```
01   class Node
02   {
03       int data;
04       int np;
05       String names;
06       Node next;
07       public Node(int data,String names,int np)
08       {
09           this.np=np;
10           this.names=names;
11           this.data=data;
12           this.next=null;
13       }
```

```
14  }
15  public class LinkedList
16  {
17      private Node first;
18      private Node last;
19      public boolean isEmpty()
20      {
21          return first==null;
22      }
23      public void print()
24      {
25          Node current=first;
26          while(current!=null)
27          {
28              System.out.println("["+current.data+" "+current.names+"
                    "+current.np+"]");
29              current=current.next;
30          }
31          System.out.println();
32      }
33      public void insert(int data,String names,int np)
34      {
35          Node newNode=new Node(data,names,np);
36          if(this.isEmpty())
37          {
38              first=newNode;
39              last=newNode;
40          }
41          else
42          {
43              last.next=newNode;
44              last=newNode;
45          }
46      }
47  }
```

範例 Score.java ┃ 利用資料宣告來建立這五個學生成績的單向鏈結串列，並走訪每一個節點來列印成績。

```
01   // 建立五個學生成績的單向鏈結串列，
02   // 並走訪每一個節點來列印成績
03
04   import java.io.*;
05
06   public class Score
07   {
08       public static void main(String args[]) throws IOException
09       {
10           BufferedReader buf;
11           buf=new BufferedReader(new InputStreamReader(System.in));
12           int num;
13           String name;
14           int score;
15
16           System.out.println("請輸入 5 筆學生資料： ");
17           LinkedList list=new LinkedList();
18           for (int i=1;i<6;i++)
19           {
20               System.out.print("請輸入座號： ");
21               num=Integer.parseInt(buf.readLine());
22               System.out.print("請輸入姓名： ");
23               name=buf.readLine();
24               System.out.print("請輸入成績： ");
25               score=Integer.parseInt(buf.readLine());
26               list.insert(num,name,score);
27               System.out.println("-------------");
28           }
29           System.out.println(" 學 生 成 績 ");
30           System.out.println(" 座號  姓名 成績 ===========");
31           list.print();
32       }
33   }
```

🖊 執行結果

```
D:\Java\ch06>javac LinkedList.java

D:\Java\ch06>java Score.java
請輸入5筆學生資料：
請輸入座號： 1
請輸入姓名： andy
請輸入成績： 87
-----------
請輸入座號： 2
請輸入姓名： tom
請輸入成績： 90
-----------
請輸入座號： 3
請輸入姓名： jane
請輸入成績： 98
-----------
請輸入座號： 4
請輸入姓名： axel
請輸入成績： 86
-----------
請輸入座號： 5
請輸入姓名： mike
請輸入成績： 95
-----------
 學 生 成 績
 座號 姓名 成績 ══════════
[1 andy 87]
[2 tom 90]
[3 jane 98]
[4 axel 86]
[5 mike 95]

D:\Java\ch06>
```

6-3-1　單向串列插入節點演算法

在單向鏈結串列中插入新節點，如同一列火車中加入新的車廂，有三種情況：加於第 1 個節點之前、加於最後一個節點之後，以及加於此串列中間任一位置。以下利用圖解方式說明：

① 新節點插入第一個節點之前，即成為此串列的首節點

只需把新節點的指標指向串列的原來第一個節點，再把串列指標首移到新節點上即可。

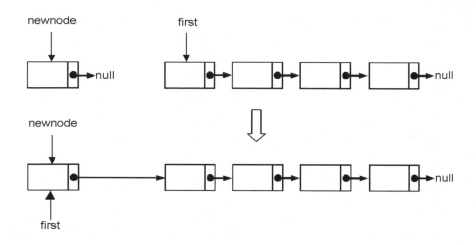

② 新節點插入最後一個節點之後

只需把串列的最後一個節點的指標指向新節點，新節點再指向 null 即可。

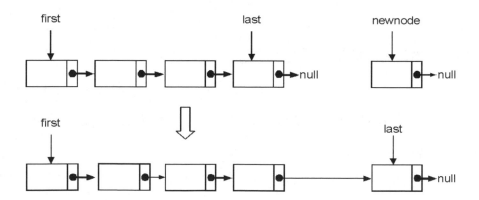

③ 將新節點插入串列中間的位置

例如插入的節點是在 X 與 Y 之間，只要將 X 節點的指標指向新節點，新節點的指標指向 Y 節點即可。如下圖所示：

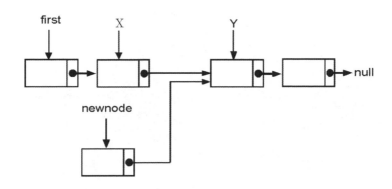

接著把插入點指標指向新節點。

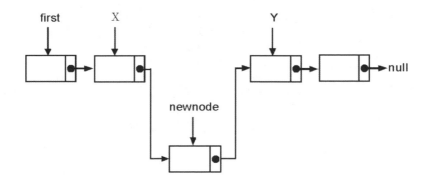

以下是以 Java 語言實作的插入節點演算法：

```
/* 插入節點 */
   public void insert(Node ptr)
   {
      Node tmp;
      Node newNode;
      if(this.isEmpty())
```

```
        {
            first=ptr;
            last=ptr;
        }
        else
        {
            if(ptr.next==first)          /* 插入第一個節點 */
            {
                ptr.next =first;
                first=ptr;
            }
            else
            {
                if(ptr.next==null)       /* 插入最後一個節點 */
                {
                    last.next=ptr;
                    last=ptr;
                }
                else                     /* 插入中間節點 */
                {
                    newNode=first;
                    tmp=first;
                    while(ptr.next!=newNode.next)
                    {
                        tmp=newNode;
                        newNode=newNode.next;
                    }
                    tmp.next=ptr;
                    ptr.next=newNode;
                }
            }
        }
    }
```

範例 Single.java ┃ 請設計一 Java 程式，來實作單向鏈結串列新增節點過程，並且允許可以在串列首、串列尾及串列中間等三種狀況下插入新節點。

```
01  // 實作單向鏈結串列新增節點
02  import java.io.*;
03
04  class Node
```

```
05  {
06      int data;
07      Node next;
08      public Node(int data)
09      {
10          this.data=data;
11          this.next=null;
12      }
13  }
14  class LinkedList
15  {
16      public Node first;
17      public Node last;
18      public boolean isEmpty()
19      {
20          return first==null;
21      }
22      public void print()
23      {
24          Node current=first;
25          while(current!=null)
26          {
27              System.out.print("["+current.data+"]");
28              current=current.next;
29          }
30          System.out.println();
31      }
32  // 串接兩個鏈結串列
33      public LinkedList Concatenate(LinkedList head1,LinkedList head2)
34      {
35          LinkedList ptr;
36          ptr = head1;
37          while(ptr.last.next != null)
38              ptr.last = ptr.last.next;
39          ptr.last.next = head2.first;
40          return head1;
41      }
42  // 插入節點
43      public void insert(Node ptr)
44      {
45          Node tmp;
46          Node newNode;
```

```
47          if(this.isEmpty())
48          {
49              first=ptr;
50              last=ptr;
51          }
52          else
53          {
54              if(ptr.next==first)// 插入第一個節點
55              {
56                  ptr.next =first;
57                  first=ptr;
58              }
59              else
60              {
61                  if(ptr.next==null)// 插入最後一個節點
62                  {
63                      last.next=ptr;
64                      last=ptr;
65                  }
66                  else// 插入中間節點
67                  {
68                      newNode=first;
69                      tmp=first;
70                      while(ptr.next!=newNode.next)
71                      {
72                          tmp=newNode;
73                          newNode=newNode.next;
74                      }
75                      tmp.next=ptr;
76                      ptr.next=newNode;
77                  }
78              }
79          }
80      }
81  }
82
83  public class Single
84  {
85      public static void main(String args[]) throws IOException
86      {
87          LinkedList list1=new LinkedList();
88          LinkedList list2=new LinkedList();
```

```
89          Node node1=new Node(5);
90          Node node2=new Node(6);
91          list1.insert(node1);
92          list1.insert(node2);
93          Node node3=new Node(7);
94          Node node4=new Node(8);
95          list2.insert(node3);
96          list2.insert(node4);
97          list1.Concatenate(list1,list2);
98          list1.print();
99      }
100 }
```

✎ 執行結果

```
D:\Java\ch06>javac Single.java

D:\Java\ch06>java Single
[5][6][7][8]

D:\Java\ch06>
```

6-3-2　單向鏈結串列刪除節點

在單向鏈結型態的資料結構中，若要在鏈結中刪除一個節點，依據所刪除節點的位置會有三種不同的情形：

① 刪除串列的第一個節點

只要把串列指標首指向第二個節點即可。如下圖所示：

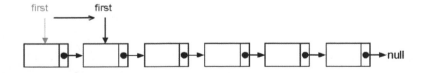

```
if(first.data==delNode.data)
    first=first.next;
```

② 刪除串列內的中間節點

只要將刪除節點的前一個節點的指標,指向欲刪除節點的下一個節點即可。如下圖所示:

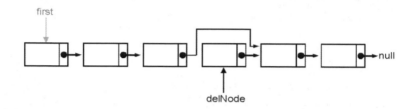

```
newNode=first;
tmp=first;
while(newNode.data!=delNode.data)
{
    tmp=newNode;
    newNode=newNode.next;
}
tmp.next=delNode.next;
```

③ 刪除串列後的最後一個節點

只要將指向最後一個節點 ptr 的指標,直接指向 null 即可。如下圖所示:

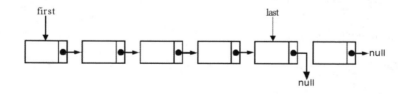

```
if(last.data==delNode.data)
{
    newNode=first;
    while(newNode.next!=last) newNode=newNode.next;
    newNode.next=last.next;
    last=newNode;
}
```

範例 StuLinkedList.java ▌ 請設計一 Java 程式，來實作建立一組學生成績的單向鏈結串列程式，包含了座號、姓名與成績三種資料。只要輸入想要刪除的成績，就可以走訪此串列，並清除該位學生的節點。要結束，請輸入 "-1"，則此時會列出此串列未刪除的所有學生資料。

```java
01  class Node
02  {
03      int data;
04      int np;
05      String names;
06      Node next;
07
08      public Node(int data,String names,int np)
09      {
10          this.np=np;
11          this.names=names;
12          this.data=data;
13          this.next=null;
14      }
15  }
16
17  public class StuLinkedList
18  {
19      public Node first;
20      public Node last;
21      public boolean isEmpty()
22      {
23          return first==null;
24      }
25
26      public void print()
27      {
28          Node current=first;
29          while(current!=null)
30          {
31              System.out.println("["+current.data+" "+current.names+"
                   "+current.np+"]");
32              current=current.next;
33          }
34          System.out.println();
35      }
36
```

```
37      public void insert(int data,String names,int np)
38      {
39          Node newNode=new Node(data,names,np);
40          if(this.isEmpty())
41          {
42              first=newNode;
43              last=newNode;
44          }
45          else
46          {
47              last.next=newNode;
48              last=newNode;
49          }
50      }
51
52      public void delete(Node delNode)
53      {
54          Node newNode;
55          Node tmp;
56          if(first.data==delNode.data)
57          {
58              first=first.next;
59          }
60          else if(last.data==delNode.data)
61              {
62                  System.out.println("I am here\n");
63                  newNode=first;
64                  while(newNode.next!=last) newNode=newNode.next;
65                  newNode.next=last.next;
66                  last=newNode;
67              }
68          else
69          {
70              newNode=first;
71              tmp=first;
72              while(newNode.data!=delNode.data)
73              {
74                  tmp=newNode;
75                  newNode=newNode.next;
76              }
77              tmp.next=delNode.next;
78          }
79      }
80  }
```

範例 Student.java

```
01   // 利用鏈結串列來建立、刪除及列印學生成績
02   // ====================================================
03
04   import java.util.*;
05   import java.io.*;
06   public class Student
07   {
08       public static void main(String args[]) throws IOException
09       {
10           BufferedReader buf;
11           Random rand=new Random();
12           buf=new BufferedReader(new InputStreamReader(System.in));
13           StuLinkedList list =new StuLinkedList();
14           int i,j,findword=0,data[][]=new int[12][10];
15           String name[]=new String[] {"Allen","Scott","Marry","Jon","Mark",
                 "Ricky","Lisa","Jasica","Hanson","Amy","Bob","Jack"};
16           System.out.println(" 座號成績座號成績座號成績座號成績 \n ");
17           for (i=0;i<12;i++)
18           {
19               data[i][0]=i+1;
20               data[i][1]=(Math.abs(rand.nextInt(50)))+50;
21               list.insert(data[i][0],name[i],data[i][1]);
22           }
23           for (i=0;i<3;i++)
24           {
25               for(j=0;j<4;j++)
26                   System.out.print("["+data[j*3+i][0]+"]  ["+data[j*3+i][1]+"]   ");
27               System.out.println();
28           }
29
30           while(true)
31           {
32               System.out.print(" 請輸入要刪除成績的座號，結束輸入 -1： ");
33               findword=Integer.parseInt(buf.readLine());
34               if(findword==-1)
35                   break;
36               else
37               {
38                   Node current=new Node(list.first.data,list.first.names,
                         list.first.np);
```

```
39                        current.next=list.first.next;
40                        while(current.data!=findword) current=current.next;
41                        list.delete(current);
42                }
43                System.out.println(" 刪除後成績串列，請注意！要刪除的成績其座號必須在
                    此串列中 \n");
44                list.print();
45           }
46      }
47 }
```

執行結果

```
D:\Java\ch06>javac StuLinkedList.java

D:\Java\ch06>javac Student.java

D:\Java\ch06>java Student
座號成績座號成績座號成績座號成績

[1]  [56]  [4]  [59]  [7]  [75]  [10]  [86]
[2]  [95]  [5]  [66]  [8]  [97]  [11]  [94]
[3]  [80]  [6]  [89]  [9]  [83]  [12]  [84]
請輸入要刪除成績的座號，結束輸入-1：  1
刪除後成績串列，請注意！要刪除的成績其座號必須在此串列中

[2 Scott 95]
[3 Marry 80]
[4 Jon 59]
[5 Mark 66]
[6 Ricky 89]
[7 Lisa 75]
[8 Jasica 97]
[9 Hanson 83]
[10 Amy 86]
[11 Bob 94]
[12 Jack 84]

請輸入要刪除成績的座號，結束輸入-1：  -1

D:\Java\ch06>
```

6-3-3　單向串列反轉演算法

看完了節點的刪除及插入後，各位可以發現在這種具有方向性的鏈結串列結構中增刪節點是相當容易的一件事。而要從頭到尾列印整個串列也不難，但

是如果要反轉過來列印就真得需要某些技巧了。我們知道在鏈結串列中的節點
特性是知道下一個節點的位置，可是卻無從得知它的上一個節點位置，不過如
果要將串列反轉，則必須使用三個指標變數。如下圖所示：

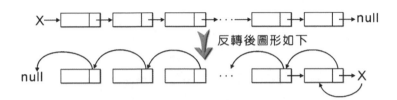

以下我們就以 Java 語言來設計將前面的學生成績程式中的學生成績依照座
號反轉列印出來。在此會用到在「StuLinkedList.java」程式中定義的類別，以
下是這兩支程式的完整程式碼。

範例 StuLinkedList.java

```
01   class Node
02   {
03       int data;
04       int np;
05       String names;
06       Node next;
07
08       public Node(int data,String names,int np)
09       {
10           this.np=np;
11           this.names=names;
12           this.data=data;
13           this.next=null;
14       }
15   }
16
17   public class StuLinkedList
18   {
19       public Node first;
20       public Node last;
```

```
21      public boolean isEmpty()
22      {
23          return first==null;
24      }
25
26      public void print()
27      {
28          Node current=first;
29          while(current!=null)
30          {
31              System.out.println("["+current.data+" "+current.names+"
                    "+current.np+"]");
32              current=current.next;
33          }
34          System.out.println();
35      }
36
37      public void insert(int data,String names,int np)
38      {
39          Node newNode=new Node(data,names,np);
40          if(this.isEmpty())
41          {
42              first=newNode;
43              last=newNode;
44          }
45          else
46          {
47              last.next=newNode;
48              last=newNode;
49          }
50      }
51
52      public void delete(Node delNode)
53      {
54          Node newNode;
55          Node tmp;
56          if(first.data==delNode.data)
57          {
58              first=first.next;
59          }
60          else if(last.data==delNode.data)
61          {
```

```
62          System.out.println("I am here\n");
63          newNode=first;
64          while(newNode.next!=last) newNode=newNode.next;
65          newNode.next=last.next;
66          last=newNode;
67       }
68     else
69     {
70          newNode=first;
71          tmp=first;
72          while(newNode.data!=delNode.data)
73          {
74              tmp=newNode;
75              newNode=newNode.next;
76          }
77          tmp.next=delNode.next;
78       }
79    }
80 }
```

範例 Reverse.java

```
01  // 單向鏈結串列的反轉功能
02  import java.util.*;
03  import java.io.*;
04
05  class ReverseStuLinkedList extends StuLinkedList
06  {
07      public void reverse_print()
08      {
09          Node current=first;
10          Node before=null;
11          System.out.println(" 反轉後的串列資料 :");
12          while(current!=null)
13          {
14              last=before;
15              before=current;
16              current=current.next;
17              before.next=last;
18          }
```

```
19          current=before;
20          while(current!=null)
21          {
22          System.out.println("["+current.data+" "+current.names+" "+current.np+"]");
23          current=current.next;
24          }
25          System.out.println();
26      }
27  }
28
29
30  public class Reverse
31  {
32      public static void main(String args[]) throws IOException
33      {
34          Random rand=new Random();
35          ReverseStuLinkedList list =new ReverseStuLinkedList();
36          int i,j,data[][]=new int[12][10];
37          String name[]=new String[] {"Allen","Scott","Marry","Jon","Mark"
                 ,"Ricky","Lisa","Jasica","Hanson","Amy","Bob","Jack"};
38          System.out.println(" 座號成績座號成績座號成績座號成績 \n ");
39          for (i=0;i<12;i++)
40          {
41              data[i][0]=i+1;
42              data[i][1]=(Math.abs(rand.nextInt(50)))+50;
43              list.insert(data[i][0],name[i],data[i][1]);
44          }
45              for (i=0;i<3;i++)
46          {
47              for(j=0;j<4;j++)
48              System.out.print("["+data[j*3+i][0]+"]  ["+data[j*3+i][1]+"]  ");
49              System.out.println();
50          }
51          list.reverse_print();
52      }
53  }
```

🖊 執行結果

```
D:\Java\ch06>javac StuLinkedList.java

D:\Java\ch06>javac Reverse.java

D:\Java\ch06>java Reverse
座號成績座號成績座號成績座號成績

[1]   [88]   [4]   [82]   [7]   [62]   [10]   [99]
[2]   [53]   [5]   [92]   [8]   [74]   [11]   [83]
[3]   [99]   [6]   [68]   [9]   [60]   [12]   [93]
反轉後的串列資料:
[12 Jack 93]
[11 Bob 83]
[10 Amy 99]
[9 Hanson 60]
[8 Jasica 74]
[7 Lisa 62]
[6 Ricky 68]
[5 Mark 92]
[4 Jon 82]
[3 Marry 99]
[2 Scott 53]
[1 Allen 88]


D:\Java\ch06>
```

6-3-4　單向鏈結串列的連結

對於兩個或以上鏈結串列的連結（Concatenation），其實作法也很容易；只要將串列的首尾相連即可。如下圖所示：

Java 語言的演算法如下所示：

```
class Node
{
    int data;
    Node next;
    public Node(int data)
    {
        this.data=data;
        this.next=null;
    }
}
public class LinkeList
{
    public Node first;
    public Node last;
    public boolean isEmpty()
    {
        return first==null;
    }
    public void print()
    {
        Node current=first;
        while(current!=null)
        {
            System.out.print("["+current.data+"]");
            current=current.next;
        }
        System.out.println();
    }
}
/* 連結兩個鏈結串列 */

    public LinkeList Concatenate(LinkeList head1,LinkeList head2)
    {
        LinkeList ptr;
        ptr = head1;
        while(ptr.last.next != null)
            ptr.last = ptr.last.next;
        ptr.last.next = head2.first;
        return head1;
    }
}
```

6-3-5　多項式串列表示法

假如一個多項式 $P(x)=a_nx^n+a_{n-1}x^{n-1}+\cdots\cdots+a_1x+a_0$，則稱 $P(x)$ 為一 n 次多項式。而一個多項式如果使用陣列結構儲存在電腦中的話，表示法有以下兩種，第一種是使用一個 n+2 長度的一維陣列存放，陣列的第一個位置儲存最大指數 n，其他位置依照指數 n 遞減，依序儲存相對應的係數，例如 $P(x)=12x^5+23x^4+5x^2+4x+1$，可轉換為成 A 陣列來表示，例如：

```
A={12,23,0,5,4,1}
```

這種方法對於某些多項式而言，太浪費空間，如 $X^{10000}+1$，用此方法需要長度 10002,=>A=(10000,1,0,0,......,0,1)。第二種方法是只儲存多項式中非零項目。如果有 m 項非零項目則使用 2m+1 長的陣列來儲存每一個非零項的指數及係數，例如 8 多項式 $P=8X^5+6X^4+3X^2+8$，可得 P=(4,8,5,6,4,3,2,8,0)。

範例　**請寫出以下兩多項式的任一陣列表示法。**

$$A(X)=X^{100}+6X^{10}+1$$
$$B(X)=X^5+9X^3+X^2+1$$

解答　對於 A(X) 可以採用儲存非零項次的表示法，也就是使用 2m+1 長度的陣列，m 表示非零項目的數目，因此 A 陣列的內容為

A=(3,1,100,6,10,1,0)

另外 B(X) 多項式的非零項較多，因此可使用 m+2 長度的一維陣列，n 表示位高項指數

B=(5,1,0,9,1,0,1)

一般說來,使用陣列表示法經常會出現以下的困擾:

① 多項式內容變動時,對陣列結構的影響相當大,演算法處理不易。

② 由於陣列是靜態資料結構,所以事先必須尋找一塊連續夠大的記憶體,容易形成空間的浪費。

這時如果使用鏈結串列來表示多項式,就可以克服以上的問題。多項式的鏈結串列表示法主要是儲存非零項目,並且每一項均符合以下資料結構:

COEF:表示該變數的係數

EXP :表示該變數的指數

LINK:表示指到下一個節點的指標

例如假設多項式有 n 個非零項,且 $P(x)=a_{n-1}x^{e_{n-1}}+a_{n-2}x^{e_{n-2}}+\cdots+a_0$,則可表示成:

例如 $A(x)=3X^2+6X-2$ 的表示方法如下圖:

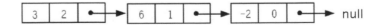

多項式以單向鏈結方式表示的功用，主要是在不同的四則運算，例如加法或減法運算。如以下兩多項式 A(X)、B(X)，求兩式相加的結果 C(X)：

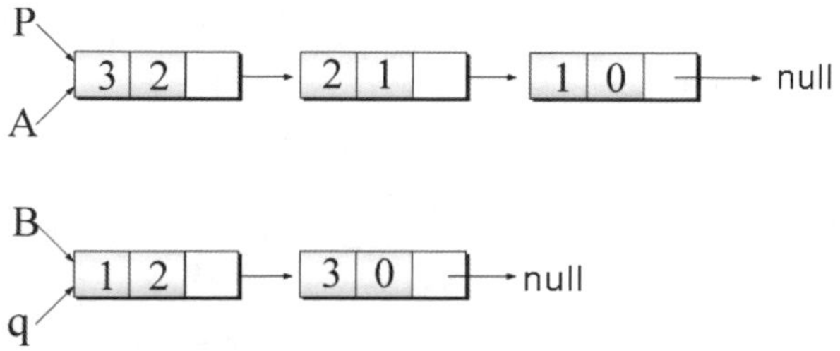

$$A=3X^2+2x+1$$

$$B=X^2+3$$

基本上，對於兩個多項式相加，採往右逐一比較項次，比較冪次大小，當指數冪次大者，則將此節點加到 C(X)，指數冪次相同者相加，若結果非零也將此節點加到 C(X)，直到兩個多項式的每一項都比較完畢為止。我們以下圖來做說明：

STEP **1** Exp(p)=Exp(q)

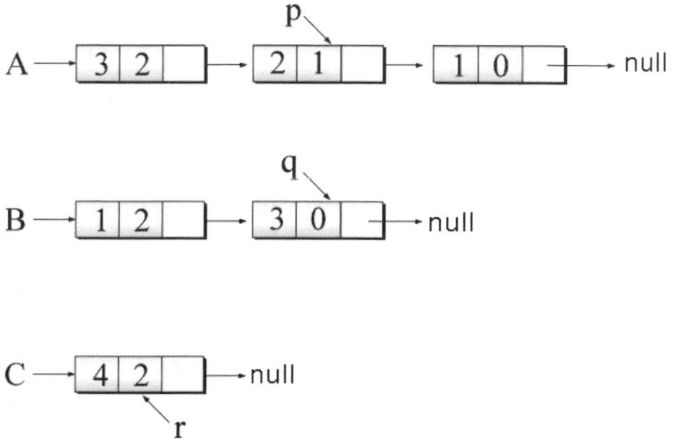

STEP 2 Exp(p)>Exp(q)

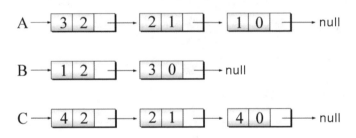

STEP 3 Exp(p)=Exp(q)

範例 **Add2.java** ┃ 請設計一 **Java** 程式，以單向鏈結串列來實作兩個多項式相加的過程。

```
01   // 多項式相加
02
03   import java.util.*;
04   import java.io.*;
05
06   class Node
07   {
08       int coef;
09       int exp;
```

```
10        Node next;
11        public Node(int coef,int exp)
12        {
13             this.coef=coef;
14             this.exp=exp;
15             this.next=null;
16        }
17   }
18
19   class PolyLinkedList
20   {
21        public Node first;
22        public Node last;
23
24        public boolean isEmpty()
25        {
26             return first==null;
27        }
28
29        public void create_link(int coef,int exp)
30        {
31            Node newNode=new Node(coef,exp);
32            if(this.isEmpty())
33            {
34                 first=newNode;
35                 last=newNode;
36            }
37            else
38            {
39                 last.next=newNode;
40                 last=newNode;
41            }
42        }
43
44        public void print_link()
45        {
46            Node current=first;
47            while(current!=null)
48            {
49                if(current.exp==1 && current.coef!=0) // X^1 時不顯示指數
50                    System.out.print(current.coef+"X + ");
51                else if(current.exp!=0 && current.coef!=0)
52                    System.out.print(current.coef+"X^"+current.exp+" + ");
53                else if(current.coef!=0)                // X^0 時不顯示變數
54                    System.out.print(current.coef);
55                current=current.next;
56            }
```

```
57              System.out.println();
58          }
59
60      public PolyLinkedList sum_link(PolyLinkedList b)
61      {
62          int sum[]=new int[10];
63          int i=0,maxnumber;
64          PolyLinkedList tempLinkedList=new PolyLinkedList();
65          PolyLinkedList a=new PolyLinkedList();
66          int tempexp[]=new int[10];
67          Node ptr;
68          a=this;
69          ptr=b.first;
70          while(a.first!=null)                        // 判斷多項式 1
71          {
72              b.first=ptr;                            //  重複比較 A 及 B 的指數
73              while(b.first!=null)
74              {
75                  if(a.first.exp==b.first.exp)        // 指數相等，係數相加
76                  {
77                      sum[i]=a.first.coef+b.first.coef;
78                      tempexp[i]=a.first.exp;
79                      a.first=a.first.next;
80                      b.first=b.first.next;
81                      i++;
82                  }
83                  else if(b.first.exp > a.first.exp) //B 指數較大，指定係數給 C
84                  {
85                      sum[i]=b.first.coef;
86                      tempexp[i]=b.first.exp;
87                      b.first=b.first.next;
88                      i++;
89
90                  }
91                  else if(a.first.exp > b.first.exp) //A 指數較大，指定係數給 C
92                  {
93                      sum[i]=a.first.coef;
94                      tempexp[i]=a.first.exp;
95                      a.first=a.first.next;
96                      i++;
97                  }
98              } // end of inner while loop
99          }     // end of outer while loop
100         maxnumber=i-1;
101         for (int j=0;j<maxnumber+1;j++) tempLinkedList.create_link
                (sum[j],maxnumber-j);
102         return tempLinkedList;
```

```
103        } // end of sum_link
104 } // end of class PolyLinkedList
105
106
107 public class Add2
108 {
109     public static void main(String args[]) throws IOException
110     {
111         PolyLinkedList a=new PolyLinkedList();
112         PolyLinkedList b=new PolyLinkedList();
113         PolyLinkedList c=new PolyLinkedList();
114
115         int data1[]={8,54,7,0,1,3,0,4,2};              // 多項式 A 的係數
116         int data2[]={-2,6,0,0,0,5,6,8,6,9};            // 多項式 B 的係數
117         System.out.print(" 原始多項式：\nA=");
118
119         for(int i=0;i<data1.length;i++)
120             a.create_link(data1[i],data1.length-i-1);
                                              // 建立多項式 A，係數由 3 遞減
121
122         for(int i=0;i<data2.length;i++)
123             b.create_link(data2[i],data2.length-i-1);
                                              // 建立多項式 B，係數由 3 遞減
124
125         a.print_link();                 // 列印多項式 A
126         System.out.print("B=");
127         b.print_link();                 // 列印多項式 B
128         System.out.print(" 多項式相加結果：\nC=");
129         c=a.sum_link(b);                //C 為 A、B 多項式相加結果
130         c.print_link();                 // 列印多項式 C
131
132     }
133 }
```

執行結果

```
D:\Java\ch06>javac Add2.java

D:\Java\ch06>java Add2
原始多項式：
A=8X^8 + 54X^7 + 7X^6 + 1X^4 + 3X^3 + 4X + 2
B=-2X^9 + 6X^8 + 5X^4 + 6X^3 + 8X^2 + 6X + 9
多項式相加結果：
C=-2X^9 + 14X^8 + 54X^7 + 7X^6 + 6X^4 + 9X^3 + 8X^2 + 10X + 11

D:\Java\ch06>
```

想一想，怎麼做？

1. 陣列結構型態通常包含哪幾種屬性？

2. 在 n 筆資料的鏈結串列（Linked List）中搜尋一筆資料，若以平均所花的時間考量，其時間複雜度為何？

3. 什麼是轉置矩陣？試簡單舉例說明。

4. 在單向鏈結型態的資料結構中，依據所刪除節點的位置會有哪三種不同的情形？

7

實戰
安全性演算法

- 輕鬆學會資料加密
- 一學就懂的雜湊演算法
- 破解碰撞與溢位處理

網路已成為我們日常生活不可或缺的一部分，使用電腦上網的機率也越趨頻繁，資訊可透過網路來互通共享，部份資訊可公開，但部份資訊屬機密，網路設計的目的是為了提供最自由的資訊、資料和檔案交換，不過網路交易風險確實存在很多風險，正因為網際網路的成功也超乎設計者的預期，除了帶給人們許多便利外，也帶來許多安全上的問題。

【網路安全示意圖】

對於資訊安全而言，很難有一個十分嚴謹而明確的定義或標準。例如就個人使用者來說，只是代表在網際網路上瀏覽時，個人資料不被竊取或破壞，不過對於企業組織而言，

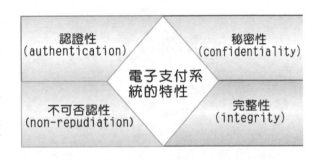

可能就代表著進行電子交易時的安全考量與不法駭客的入侵等。簡單來說，資訊安全（Information Security）的基本功能必須具備以下四種特性：

- **秘密性（confidentiality）**：表示交易相關資料必須保密，當資料傳遞時，確保資料在網路上傳送不會遭截取、窺竊而洩漏資料內容，除了被授權的人，在網路上不怕被攔截或偷窺，而損害其秘密性。

- **完整性（integrity）**：表示當資料送達時必須保證資料沒有被竄改的疑慮，訊息如遭竄改時，該筆訊息就會無效，例如由甲端傳至乙端的資料有沒有被竄改，乙端在收訊時，立刻知道資料是否完整無誤。

- **認證性（authentication）**：表示當傳送方送出資訊時，就必須能確認傳送者的身分是否為冒名，例如傳送方無法冒名傳送資料，持卡人、商家、發卡行、收單行和支付閘道，都必須申請數位憑證進行身份識別。

- **不可否認性（non-repudiation）**：表示保證使用者無法否認他所完成過之資料傳送行為的一種機制，必須不易被複製及修改，就是指無法否認其傳送或接收訊息行為，例如收到金錢不能推說沒收到；同樣錢用掉不能推收遺失，不能否認其未使用過。

國際標準制定機構－英國標準協會（BSI）曾經於 1995 年提出 BS 7799 資訊安全管理系統，最新的一次修訂已於 2005 年完成，並經國際標準化組織（ISO）正式通過成為 ISO 27001 資訊安全管理系統要求標準，為目前國際公認最完整之資訊安全管理標準，可以幫助企業與機構在高度網路化的開放服務環境鑑別、管理和減少資訊所面臨的各種風險。

7-1 輕鬆學會資料加密

未經加密處理的商業資料或文字資料在網路上進行傳輸時，任何有心人士都能夠隨手取得，並且一覽無遺。因此在資料傳送前必須先將原始的資料內容，以事先定義好的演算法、運算式或編碼方法，將資料轉換成不具任何意義的代碼，而這個處理過程就是「加密」（Encrypt）。資料在加密前稱為「明文」（Plaintext），經過加密後則稱為「密文」（Cipher text）。

經過加密的資料在送抵目的端後，必須經過「解密」（Decrypt）程序，才能將資料還原成原來的內容，而這個加 / 解密的機制則稱為「金鑰」（Key）。至於資料加密及解密的流程如下圖所示：

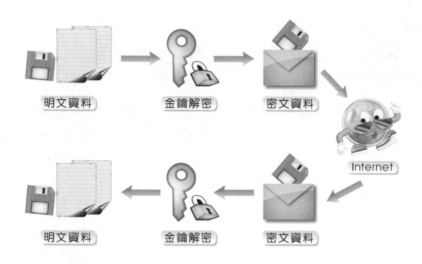

7-1-1 對稱鍵值加密系統

　　對稱鍵值加密系統（Symmetrical Key Encryption）又稱為「單一鍵值加密系統」（Single Key Encryption）或「秘密金鑰系統」（Secret Key）。這種加密系統的運作方式，是由資料傳送者利用「秘密金鑰」（Secret Key）將文件加密，使文件成為一堆的亂碼後，再加以傳送。而接收者收到這個經過加密的密文後，再使用相同的「秘密金鑰」，將文件還原成原來的模樣。因為如果使用者 B 能用這一組密碼解開文件，那麼就能確定這份文件是由使用者 A 加密後傳送過去，如下圖所示：

　　這種加密系統的運作方式較為單純，因此不論在加密及解密上的處理速度都相當快速。常見的對稱鍵值加密系統演算法有 DES（Data Encryption Standard，資料加密標準）、Triple DES、IDEA（International Data Encryption Algorithm，國際資料加密演算法）等。

7-1-2　非對稱鍵值加密系統與 RSA 演算法

　　「非對稱性加密系統」是目前較為普遍，也是金融界應用上最安全的加密系統，或稱為「雙鍵加密系統」（Double key Encryption），這種加密系統主要的運作方式，是以兩把不同的金鑰（Key）來對文件進行加 / 解密。例如使用者 A 要傳送一份新的文件給使用者 B，使用者 A 會利用使用者 B 的公開金鑰來加密，並將密文傳送給使用者 B。當使用者 B 收到密文後，再利用自己的私密金鑰解密。如下圖所示：

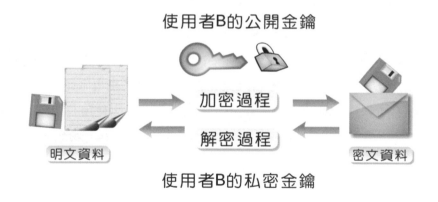

　　例如 RSA（Rivest-Shamir-Adleman）是加密演算法中一種非對稱加密演算法，在 RSA 演算法之前，加密方法幾乎都是對稱型的，非對稱是因為它利用了兩把不同的鑰匙，一把叫公開金鑰，另一把叫私密金鑰，1977 年由 Ron Rivest、Adi Shamir 和 Leonard Adleman 一起提出的，RSA 就是由三人姓氏開頭字母所組成。

RSA 加解密速度比「對稱式加密演算法」來得慢,是採用隨機選出的超大的質數 p, q,主要是利用兩個質數作為加密與解密的兩個鑰匙,鑰匙的長度約在 40 個位元到 1024 位元間。其中公開鑰匙是用來加密,只有使用私人鑰匙才可以解密,要破解以 RSA 加密的資料,在一定時間內是幾乎不可能,所以是一種十分安全的加解密演算法,特別是在電子商務交易市場被廣泛使用。例如由信用卡國際大廠 VISA 及 MasterCard,於 1996 年共同制定並發表的「安全交易協定」(Secure Electronic Transaction, SET),並陸續獲得 IBM、Microsoft、HP 及 Compaq 等軟硬體大廠的支持,加上 SET 安全機制採用非對稱鍵值加密系統的編碼方式,就是採用知名的 RSA 演算法技術。

7-1-3 認證

在資料傳輸過程中,為了避免使用者 A 發送資料後卻否認,或是有人冒用使用者 A 的名義傳送資料而不自知,我們需要對資料進行認證的工作,後來又衍生出第三種加密方式。首先是以使用者 B 的公開鑰匙加密,接著再利用使用者 A 的私有鑰匙做第二次加密,當使用者 B 在收到密文後,先以 A 的公開鑰匙進行解密,接著再以 B 的私有鑰匙解密,如果能解密成功,則可確保訊息傳遞的私密性,這就是所謂的「認證」。認證的機制看似完美,但是使用公開鑰匙作加解密動作時,計算過程卻是十分複雜,對傳輸工作而言不啻是個沈重的負擔。

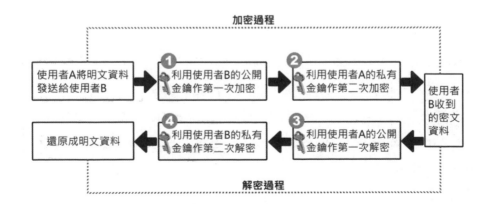

7-1-4　數位簽章

在日常生活中，簽名或蓋章往往是個人對某些承諾或文件署名的負責，而在網路世界中，所謂「數位簽章」（Digital Signature）就是屬於個人的一種「數位身分證」，可用做對資料發送的身份進行辨別。

「數位簽章」的運作方式是以公開金鑰及雜湊函數互相搭配使用，使用者 A 先將明文的 M 以雜湊函數計算出雜湊值 H，接著再用自己的私有鑰匙對雜湊值 H 加密，加密後的內容即為「數位簽章」。最後再將明文與數位簽章一起發送給使用者 B。由於這個數位簽章是以 A 的私有鑰匙加密，且該私有鑰匙只有 A 才有，因此該數位簽章可以代表 A 的身份。由於數位簽章機制具有發送者不可否認的特性，因此能夠用來確認文件發送者的身份，使其他人無法偽造此辨別身份。

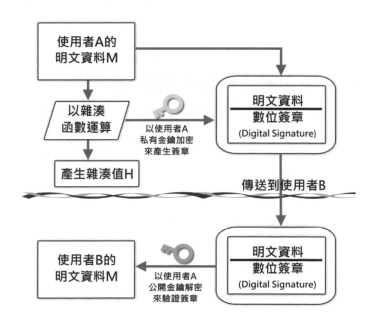

> **TIPS** 雜湊函數（Hash Function）是一種保護資料安全的方法，它能夠將資料進行運算，並且得到一個「雜湊值」，接著再將資料與雜湊值一併傳送。

想要使用數位簽章，第一步必須先向認證中心（CA）申請電子證書（Digital Certificate），它可用來認證公開金鑰為某人所有及訊息發送者的不可否認性，而認證中心所核發的數位簽章則包含在電子證書上。通常每一家認證中心的申請過程都不相同，只要跟著網頁上的指引步驟去做，即可完成。

> **TIPS** 憑證管理中心（Certification Authority, CA）為一個具公信力的第三者身分，主要負責憑證申請註冊、憑證簽發、廢止等等管理服務。國內知名的憑證管理中心如下：
> * 政府憑證管理中心：https://gca.nat.gov.tw/web2/index.html
> * 網際威信：http://www.hitrust.com.tw/

7-2 一學就懂的雜湊演算法

雜湊法是利用雜湊函數來計算一個鍵值所對應的位址，進而建立雜湊表格，且依賴雜湊函數來搜尋找到各鍵值存放在表格中的位址，搜尋速度與資料多少無關，在沒有碰撞和溢位下，一次讀取即可，更包括保密性高，因為不事先知道雜湊函數就無法搜尋的優點。

選擇雜湊函數時，要特別注意不宜過於複雜，設計原則上至少必須符合計算速度快與碰撞頻率儘量小兩項特點。常見的雜湊法有除法、中間平方法、折疊法及數位分析法。

7-2-1　除法

最簡單的雜湊法是將資料除以某一個常數後，取餘數來當索引。例如在一個有 13 個位置的陣列中，只使用到 7 個位址，值分別是 12,65,70,99,33,67,48。那我們就可以把陣列內的值除以 13，並以其餘數來當索引，我們可以用下列式子來表示：

```
h(key)=key mod B
```

在這個例子中，我們所使用的 B=13。一般而言，會建議各位在選擇 B 時，B 最好是質數。而上例所建立出來的雜湊表如右所示：

索引	資料
0	65
1	
2	67
3	
4	
5	70
6	
7	33
8	99
9	48
10	
11	
12	12

以下我們將用除法作為雜湊函數，將下列數字儲存在 11 個空間：323,458,25,340,28,969,77，請問其雜湊表外觀為何？

令雜湊函數為 h(key)=key mod B，其中 B=11 為一質數，這個函數的計算結果介於 0~10 之間（包括 0 及 10 二數），則 h(323)=4、h(458)=7、h(25)=3、h(340)=10、h(28)=6、h(969)=1、h(77)=0。

索引	資料
0	77
1	969
2	
3	25
4	323
5	
6	28
7	458
8	
9	
10	340

7-2-2 中間平方法

中間平方法和除法相當類似,它是把資料乘以自己,之後再取中間的某段數字做索引。在下例中我們用中間平方法,並將它放在 100 個位址空間,其操作步驟如下:

❶ 將 12,65,70,99,33,67,51 平方後如下:

```
144,4225,4900,9801,1089,4489,2601
```

❷ 我們取百位數及十位數作為鍵值,分別為

```
14、22、90、80、08、48、60
```

上述這 7 個數字的數列就是對應原先 12,65,70,99,33,67,51 等 7 個數字存放在 100 個位址空間的索引鍵值,即

```
f(14)=12
f(22)=65
f(90)=70
f(80)=99
f(8) =33
f(48)=67
f(60)=51
```

若實際空間介於 0~9(即 10 個空間),但取百位數及十位數的值介於 0 ～ 99(共有 100 個空間),所以我們必須將中間平方法第一次所求得的鍵值,再行壓縮 1/10 才可以將 100 個可能產生的值對應到 10 個空間,即將每一個鍵值除以 10 取整數(下例我們以 DIV 運算子作為取整數的除法),我們可以得到下列的對應關係:

```
f(14 DIV 10)=12          f(1)=12
f(22 DIV 10)=65          f(2)=65
f(90 DIV 10)=70          f(9)=70
f(80 DIV 10)=99    ──→   f(8)=99
f(8 DIV 10) =33          f(0)=33
f(48 DIV 10)=67          f(4)=67
f(60 DIV 10)=51          f(6)=51
```

7-2-3　折疊法

折疊法是將資料轉換成一串數字後，先將這串數字拆成數個部份，最後再把它們加起來，就可以計算出這個鍵值的 Bucket Address。例如有一資料，轉換成數字後為 2365479125443，若以每 4 個字為一個部份則可拆為：2365,4791,2544,3。將四組數字加起來後即為索引值：

$$
\begin{array}{r}
2365 \\
4791 \\
2544 \\
+\quad\;\; 3 \\
\hline
9703 \;\rightarrow \text{bucket address}
\end{array}
$$

在折疊法中有兩種作法，如上例直接將每一部份相加所得的值作為其 bucket address，這種作法我們稱為「移動折疊法」。但雜湊法的設計原則之一就是降低碰撞，如果您希望降低碰撞的機會，我們可以將上述每一部分數字中的奇數位段或偶數位段反轉，再行相加來取得其 bucket address，這種改良式的作法我們稱為「邊界折疊法（folding at the boundaries）」。請看下例的說明：

❶ 狀況一：將偶數位段反轉

$$2365 \text{（第 1 位段屬於奇數位段故不反轉）}$$
$$1974 \text{（第 2 位段屬於偶數位段要反轉）}$$
$$2544 \text{（第 3 位段屬於奇數位段故不反轉）}$$
$$+ \quad 3 \text{（第 4 位段屬於偶數位段要反轉）}$$
$$\overline{6886} \ \rightarrow \text{bucket address}$$

❷ 狀況二：將奇數位段反轉

$$5632 \text{（第 1 位段屬於奇數位段要反轉）}$$
$$4791 \text{（第 2 位段屬於偶數位段故不反轉）}$$
$$4452 \text{（第 3 位段屬於奇數位段要反轉）}$$
$$+ \quad 3 \text{（第 4 位段屬於偶數位段故不反轉）}$$
$$\overline{14878} \ \rightarrow \text{bucket address}$$

7-2-4　數位分析法

數位分析法適用於資料不會更改，且為數字型態的資料，在決定雜湊函數時先逐一檢查資料的相對位置及分佈情形，將重複性高的部份刪除。例如下面這個電話表，它是相當有規則性的，除了區碼全部是 07 外，在中間三個數字的變化也不大，假設位址空間大小 m=999，我們必須從下列數字擷取適當的數字，即數字比較不集中，分佈範圍較為平均（或稱亂度高），最後決定取最後哪四個數字的末三碼。故最後可得雜湊表為：

電話
07-772-2234
07-772-4525
07-774-2604
07-772-4651
07-774-2285
07-772-2101
07-774-2699
07-772-2694

索引	電話
234	07-772-2234
525	07-772-4525
604	07-774-2604
651	07-772-4651
285	07-774-2285
101	07-772-2101
699	07-774-2699
694	07-772-2694

相信看完上面幾種雜湊函數之後，各位可以發現雜湊函數並沒有一定規則可循，可能是其中的某一種方法，也可能同時使用好幾種方法，所以雜湊時常被用來處理資料的加密及壓縮。

7-3　破解碰撞與溢位處理

在雜湊法中，當識別字要放入某個 Bucket 時，若該 Bucket 已經滿了，則發生溢位（Overflow）；另一方面雜湊法的理想狀況是所有資料經過雜湊函數運算後都得到不同的值，但現實情況是即使所有關鍵欄位的值都不相同，還是可能得到相同的位址，於是就發生了碰撞（Collision）問題。因此，如何在碰撞後處理溢位的問題就顯得相當的重要。

7-3-1　線性探測法

線性探測法是當發生碰撞情形時，如果該索引已有資料，則以線性的方式往後找尋空的儲存位置，一找到位置就把資料放進去。線性探測法通常把雜湊的位置視為環狀結構，如此一來若後面的位置已被填滿而前面還有位置時，可以將資料放到前面。

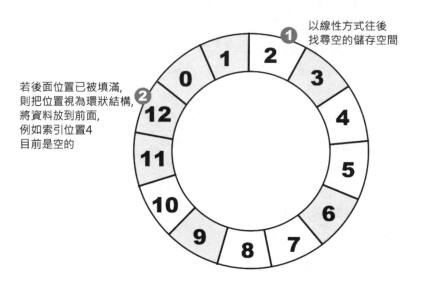

以線性方式往後
找尋空的儲存空間

若後面位置已被填滿,
則把位置視為環狀結構,
將資料放到前面,
例如索引位置4
目前是空的

Java 的線性探測演算法：

```java
public static void creat_table(int num,int index[])   // 建立雜湊表副程式
{
    int tmp;
    tmp=num%INDEXBOX;                    // 雜湊函數 = 資料 %INDEXBOX
    while(true)
    {
        if(index[tmp]==-1)               // 如果資料對應的位置是空的
        {
            index[tmp]=num;              // 則直接存入資料
            break;
        }
        else
            tmp=(tmp+1)%INDEXBOX;        // 否則往後找位置存放
    }
}
```

範例 Linear.java ┃ 請設計一 Java 程式，以除法的雜湊函數取得索引值。 並以線性探測法來儲存資料。

```java
01  // 線性探測法
02
03  import java.io.*;
04  import java.util.*;
05  public    class Linear extends Object
06  {
07      final static int INDEXBOX=10;        // 雜湊表最大元素
08      final static int MAXNUM=7;           // 最大資料個數
09      public static void main(String args[]) throws IOException
10
11      {
12          int i;
13          int index[]=new int[INDEXBOX];
14          int data[]=new int[MAXNUM];
15          Random rand=new Random();
16          System.out.print(" 原始陣列值：\n");
17          for(i=0;i<MAXNUM;i++)            // 起始資料值
18              data[i]=(Math.abs(rand.nextInt(20)))+1;
19          for(i=0;i<INDEXBOX;i++)          // 清除雜湊表
20              index[i]=-1;
21          print_data(data,MAXNUM);         // 列印起始資料
22          System.out.print(" 雜湊表內容：\n");
23          for(i=0;i<MAXNUM;i++)            // 建立雜湊表
24          {
25              creat_table(data[i],index);
26              System.out.print("  "+data[i]+" =>");   // 列印單一元素的雜湊表位置
27              print_data(index,INDEXBOX);
28          }
29          System.out.print(" 完成雜湊表：\n");
30          print_data(index,INDEXBOX);      // 列印最後完成結果
31      }
32      public static void print_data(int data[],int max)     // 列印陣列副程式
33      {
34          int i;
35          System.out.print("\t");
36          for(i=0;i<max;i++)
37              System.out.print("["+data[i]+"] ");
38          System.out.print("\n");
```

```
39        }
40     public static void creat_table(int num,int index[])  // 建立雜湊表副程式
41     {
42        int tmp;
43        tmp=num%INDEXBOX;                    // 雜湊函數 = 資料 %INDEXBOX
44        while(true)
45     {
46        if(index[tmp]==-1)                   // 如果資料對應的位置是空的
47        {
48           index[tmp]=num;                   // 則直接存入資料
49           break;
50        }
51        else
52           tmp=(tmp+1)%INDEXBOX;             // 否則往後找位置存放
53        }
54     }
55  }
```

執行結果

```
        [11] [9] [14] [4] [16] [2] [1]
雜湊表內容：
 11 =>  [-1] [11] [-1] [-1] [-1] [-1] [-1] [-1] [-1] [-1]
  9 =>  [-1] [11] [-1] [-1] [-1] [-1] [-1] [-1] [-1] [9]
 14 =>  [-1] [11] [-1] [-1] [14] [-1] [-1] [-1] [-1] [9]
  4 =>  [-1] [11] [-1] [-1] [14] [4] [-1] [-1] [-1] [9]
 16 =>  [-1] [11] [-1] [-1] [14] [4] [16] [-1] [-1] [9]
  2 =>  [-1] [11] [2] [-1] [14] [4] [16] [-1] [-1] [9]
  1 =>  [-1] [11] [2] [1] [14] [4] [16] [-1] [-1] [9]
完成雜湊表：
        [-1] [11] [2] [1] [14] [4] [16] [-1] [-1] [9]

D:\Java\ch07>
```

上例程式中以除法的雜湊函數取得索引值，並以線性探測法來儲存資料。

7-3-2　平方探測法

線性探測法有一個缺失,就是相當類似的鍵值經常會聚集在一起,因此可以考慮以平方探測法來加以改善。在平方探測中,當溢位發生時,下一次搜尋的位址是 $(f(x)+i^2)$ mod B 與 $(f(x)-i^2)$ mod B,即讓資料值加或減 i 的平方,例如資料值 key,雜湊函數 f:

```
第一次尋找：f(key)
第二次尋找：(f(key)+1²)%B
第三次尋找：(f(key)-1²)%B
第四次尋找：(f(key)+2²)%B
第五次尋找：(f(key)-2²)%B
          .
          .
          .
第n次尋找：(f(key)±((B-1)/2)²)%B，其中，B必須為4j+3型的質數，且1≦i≦(B-1)/2
```

7-3-3　再雜湊法

再雜湊就是一開始就先設置一系列的雜湊函數,如果使用第一種雜湊函數出現溢位時就改用第二種,如果第二種也出現溢位則改用第三種,直到沒有發生溢位為止。例如 h1 為 key%11,h2 為 key*key,h3 為 key*key%11,h4...。

接著請利用再雜湊處理下列資料碰撞的問題:

```
681,467,633,511,100,164,472,438,445,366,118；
```

其中雜湊函數為(此處的 m=13)

```
f₁=h(key)=key MOD m
f₂=h(key)=(key+2) MOD m
f₃=h(key)=(key+4) MOD m
```

說明如下：

① 利用第一種雜湊函數 h(key)=key MOD 13，所得的雜湊位址如下：

```
681 —> 5
467 —> 12
633 —> 9
511 —> 4
100 —> 9
164 —> 8
472 —> 4
438 —> 9
445 —> 3
366 —> 2
118 —> 1
```

② 其中 100，472，438 皆發生碰撞，再利用第二種雜湊函數 h(value+2)=(value+2) MOD 13，進行資料的位址安排：

```
100 —> h(100+2)=102 mod 13=11
472 —> h(472+2)=474 mod 13=6
438 —> h(438+2)=440 mod 13=11
```

③ 438 仍發生碰撞問題，故接著利用第三種雜湊函數 h(value+4)=(438+4) MOD 13，重新進行 438 位址的安排：

```
438 —> h(438+4)=442 mod 13=0
```

⇒ 經過三次重雜湊後，資料的位址安排如下：

位置	資料
0	438
1	118
2	366
3	445
4	511
5	681
6	472
7	null
8	164
9	633
10	null
11	100
12	467

7-3-4　鏈結串列

　　將雜湊表的所有空間建立 n 個串列，最初的預設值只有 n 個串列首。如果發生溢位就把相同位址之鍵值鏈結在串列首的後面，形成一個鏈結串列，直到所有的可用空間全部用完為止。如下圖所示：

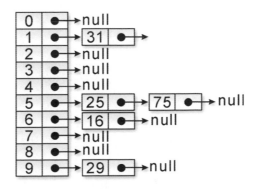

Java 的再雜湊（利用鏈結串列）演算法：

```
public static void creat_table(int val)    // 建立雜湊表副程式
{
    Node newnode=new Node(val);
    int hash;
    hash=val%7;                          // 雜湊函數除以 7 取餘數
    Node current=indextable[hash];
    if  (current.next==null)
        indextable[hash].next=newnode;
    else
        while(current.next!=null)  current=current.next;
    current.next=newnode;                // 將節點加在串列首後
}
```

範例 **Rehash.java** ▎ 請設計一 **Java** 程式，利用鏈結串列來進行再雜湊的
實作。

```
01  //  再雜湊 ( 利用鏈結串列 )
02
03  import java.io.*;
04  import java.util.*;
05
06  class Node
07  {
08      int val;
09      Node next;
10      public Node(int val)
11      {
12          this.val=val;
13          this.next=null;
14      }
15  }
16
17
18  public    class Rehash extends Object
19  {
20      final static int INDEXBOX=7;       // 雜湊表最大元素
21      final static int MAXNUM=13;        // 最大資料個數
```

```
22        static Node indextable[]=new Node[INDEXBOX]; // 宣告動態陣列
23
24        public static void main(String args[]) throws IOException
25        {
26            int i;
27            int index[]=new int[INDEXBOX];
28            int data[]=new int[MAXNUM];
29            Random rand=new Random();
30            for(i=0;i<INDEXBOX;i++)
31                indextable[i]=new Node(-1);     // 清除雜湊表
32            System.out.print(" 原始資料：\n\t");
33            for(i=0;i<MAXNUM;i++)          // 起始資料值
34            {
35                data[i]=(Math.abs(rand.nextInt(30)))+1;
36                System.out.print("["+data[i]+"]");
37                if(i%8==7)
38                    System.out.print("\n\t");
39            }
40            System.out.print("\n 雜湊表：\n");
41            for(i=0;i<MAXNUM;i++)
42                ch09_05.creat_table(data[i]);          // 建立雜湊表
43            for(i=0;i<INDEXBOX;i++)
44                ch09_05.print_data(i);                 // 列印雜湊表
45            System.out.print("\n");
46        }
47
48        public static void creat_table(int val)             // 建立雜湊表副程式
49        {
50            Node newnode=new Node(val);
51            int hash;
52            hash=val%7;                          // 雜湊函數除以 7 取餘數
53            Node current=indextable[hash];
54                if
55                    (current.next==null)    indextable[hash].next=newnode;
56                else
57                    while(current.next!=null)  current=current.next;
58            current.next=newnode; // 將節點加在串列首後
59        }
60        public static void print_data(int val)             // 列印雜湊表副程式
61        {
62            Node head;
63            int i=0;
```

```
64          head=indextable[val].next;   // 起始指標
65          System.out.print("   "+val+"：\t");   // 索引位址
66          while(head!=null)
67          {
68              System.out.print("["+head.val+"]-");
69              i++;
70              if(i%8==7)                      // 控制長度
71                  System.out.print("\n\t");
72              head=head.next;
73          }
74          System.out.print("\n");   // 清除最後一個 "-" 符號
75      }
76  }
```

執行結果

```
D:\Java\ch07>javac Rehash.java

D:\Java\ch07>java Rehash
原始資料：
        [1][3][1][18][27][9][25][10]
        [15][1][21][24][8]
雜湊表：
    0：  [21]-
    1：  [1]-[1]-[15]-[1]-[8]-
    2：  [9]-
    3：  [3]-[10]-[24]-
    4：  [18]-[25]-
    5：
    6：  [27]-


D:\Java\ch07>
```

　　如果現在要搜尋一個資料，只需將它先經過雜湊函數的處理後，直接到對應的索引值串列中尋找，如果沒找到表示資料不存在。如此一來可大幅減少讀取資料及比對資料的次數，甚至可能一次的讀取比對就找到想找的資料。

範例 Search.java ┃ 請設計一 Java 程式，加入搜尋的功能，並印出比對的次數。

```
01   // 使用雜湊法快速地建立及搜尋資料
02
03   import java.io.*;
04   import java.util.*;
05
06   class Node
07   {
08       int val;
09       Node next;
10       public Node(int val)
11       {
12           this.val=val;
13           this.next=null;
14       }
15   }
16
17
18   public    class Search extends Object
19   {
20       final static int INDEXBOX=7;          // 雜湊表最大元素
21       final static int MAXNUM=13;           // 最大資料個數
22       static Node indextable[]=new Node[INDEXBOX]; // 宣告動態陣列
23
24       public static void main(String args[]) throws IOException
25       {
26           int i,num;
27           int index[]=new int[INDEXBOX];
28           int data[]=new int[MAXNUM];
29           Random rand=new Random();
30           BufferedReader keyin=new BufferedReader(new InputStreamReader(System.in));
31           for(i=0;i<INDEXBOX;i++)
32               indextable[i]=new Node(-1);     // 清除雜湊表
33           System.out.print(" 原始資料：\n\t");
34           for(i=0;i<MAXNUM;i++)            // 起始資料值
35           {
36               data[i]=(Math.abs(rand.nextInt(30)))+1;
37               System.out.print("["+data[i]+"]");
38               if(i%8==7)
39                   System.out.print("\n\t");
40           }
41           for(i=0;i<MAXNUM;i++)
42               Search.creat_table(data[i]);              // 建立雜湊表
```

```
43          System.out.println();
44          while(true)
45          {
46              System.out.print(" 請輸入搜尋資料 (1-30)，結束請輸入 -1：");
47              num=Integer.parseInt(keyin.readLine());
48              if(num==-1)
49                  break;
50              i= Search.findnum(num);
51              if(i==0)
52                  System.out.print("##### 沒有找到 "+num+" #####\n");
53              else
54                  System.out.print(" 找到 "+num+"，共找了 "+i+" 次 !\n");
55          }
56          System.out.print("\n 雜湊表：\n");
57          for(i=0;i<INDEXBOX;i++)
58              Search.print_data(i);                   // 列印雜湊表
59          System.out.print("\n");
60          }
61
62      public static void creat_table(int val)         // 建立雜湊表副程式
63      {
64          Node newnode=new Node(val);
65          int hash;
66          hash=val%7;                                 // 雜湊函數除以 7 取餘數
67          Node current=indextable[hash];
68          if
69              (current.next==null)    indextable[hash].next=newnode;
70          else
71              while(current.next!=null)  current=current.next;
72          current.next=newnode; // 將節點加在串列
73      }
74      public static void print_data(int val)          // 列印雜湊表副程式
75      {
76          Node head;
77          int i=0;
78          head=indextable[val].next;  // 起始指標
79          System.out.print("   "+val+"：\t");      // 索引位址
80          while(head!=null)
81          {
82              System.out.print("["+head.val+"]-");
83              i++;
84              if(i%8==7)                              // 控制長度
85                  System.out.print("\n\t");
86              head=head.next;
87          }
88          System.out.print(" \n");                   // 清除最後一個 "-" 符號
```

```
89              }
90
91      public static int findnum(int num)          // 雜湊搜尋副程式
92      {
93          Node ptr;
94          int i=0,hash;
95          hash=num%7;
96          ptr=indextable[hash].next;
97          while(ptr!=null)
98          {
99              i++;
100             if(ptr.val==num)
101                 return i;
102             else
103                 ptr=ptr.next;
104         }
105         return 0;
106     }
107 }
```

執行結果

```
D:\Java\ch07>javac Search.java

D:\Java\ch07>java Search
原始資料：
        [22][8][8][16][4][27][2][27]
        [4][22][21][8][4]
請輸入搜尋資料(1-30)，結束請輸入-1：27
找到 27，共找了 1 次!
請輸入搜尋資料(1-30)，結束請輸入-1：8
找到 8，共找了 2 次!
請輸入搜尋資料(1-30)，結束請輸入-1：-1

雜湊表：
  0：  [21]-
  1：  [22]-[8]-[8]-[22]-[8]-
  2：  [16]-[2]-
  3：
  4：  [4]-[4]-[4]-
  5：
  6：  [27]-[27]-
```

　　至於程式的追蹤，基本上只是鏈結串列的操作，相信對於讀者並不困難。

想一想，怎麼做？

1. 請問資訊安全（Information Security）的基本功能必須具備哪四種特性，請簡單說明。

2. 請簡述「加密」（encrypt）與「解密」（decrypt）。

3. 請說明「對稱性加密法」與「非對稱性加密法」間的差異性。

4. 請簡介 RSA（Rivest-Shamir-Adleman）演算法。

5. 試簡述數位簽章的內容。

6. 用雜湊法將下列 7 個數字存在 0、1...6 的 7 個位置：101、186、16、315、202、572、463。若欲存入 1000 開始的 11 個位置，又應該如何存放？

7. 何謂雜湊函數？試以除法及摺疊法（Folding Method），並以 7 位電話號碼當資料說明。

8. 試述 Hashing 與一般 Search 技巧有何不同？

9. 何謂完美雜湊？在何種情況下可使用之？

10. 採用何種雜湊函數可以使用下列的整數集合：{74,53,66,12,90,31,18,77,85,29} 存入陣列空間為 10 的 Hash Table 不會發生碰撞？

8

堆疊與佇列
演算法徹底研究

堆疊結構在電腦中的應用相當廣泛，時常被用來解決電腦的問題，例如前面所談到的遞迴呼叫、副程式的呼叫，至於在日常生活中的應用也隨處可以看到，例如大樓電梯、貨架上的貨品等等，都是類似堆疊的資料結構原理。

【電梯搭乘方式就是一種堆疊的應用】

佇列在電腦領域的應用也相當廣泛，例如計算機的模擬（simulation）、CPU 的工作排程（Job Scheduling）、線上同時周邊作業系統的應用，與圖形走訪的先廣後深搜尋法（BFS）。由於堆疊與佇列都是抽象資料型態，本章將介紹相關的演算法。首先我們要說明堆疊在 Java 程式設計領域中，包含以下兩種設計方式，分別是陣列結構與串列結構，分別介紹如下。

8-1 陣列實作堆疊輕鬆學

以陣列結構來製作堆疊的好處是製作與設計的演算法都相當簡單，但因為如果堆疊本身是變動的話，陣列大小並無法事先規劃宣告，太大時浪費空間，太小則不夠使用。

Java 的相關演算法如下：

```java
// 類別方法：empty
// 判斷堆疊是否為空堆疊，是則傳回 true, 不是則傳回 false.
public boolean empty() {
    if (top==-1) return true;
    else         return false;
}
```

```
// 類別方法：push
// 存放頂端資料，並更正新堆疊的內容 .
public boolean push(int data) {
    if (top>=stack.length) {  // 判斷堆疊頂端的索引是否大於陣列大小
        System.out.println(" 堆疊已滿，無法再加入 ");
        return false;
    }
    else {
        stack[++top]=data;  // 將資料存入堆疊
        return true;
    }
}
```

```
// 類別方法：pop
// 從堆疊取出資料
public int pop() {
    if(empty())  // 判斷堆疊是否為空的，如果是則傳回 -1 值
        return -1;
    else
        return stack[top--];  // 先將資料取出後，再將堆疊指標往下移
}
```

範例 Stack01.java | 請利用陣列結構來設計一 **Java** 程式，並使用迴圈來控制準備推入或取出的元素，並模擬堆疊的各種工作運算，其中必須包括推入（**push**）與彈出（**pop**）函數，及最後輸出所有堆疊內的元素。

```
01  // 用陣列模擬堆疊
02
03  import java.io.*;
04
05  class StackByArray {          // 以陣列模擬堆疊的類別宣告
06      private int[] stack;      // 在類別中宣告陣列
07      private int top;          // 指向堆疊頂端的索引
08      //StackByArray 類別建構子
09      public StackByArray(int stack_size) {
10          stack=new int[stack_size]; // 建立陣列
11          top=-1;
12      }
13          // 類別方法：push
14      // 存放頂端資料，並更正新堆疊的內容 .
```

```
15      public boolean push(int data) {
16          if (top>=stack.length) { // 判斷堆疊頂端的索引是否大於陣列大小
17              System.out.println(" 堆疊已滿，無法再加入 ");
18              return false;
19          }
20          else {
21              stack[++top]=data; // 將資料存入堆疊
22              return true;
23          }
24      }
25      // 類別方法：empty
26      // 判斷堆疊是否為空堆疊，是則傳回 true, 不是則傳回 false.
27      public boolean empty() {
28          if (top==-1) return true;
29          else             return false;
30      }
31      // 類別方法：pop
32      // 從堆疊取出資料
33      public int pop() {
34          if(empty()) // 判斷堆疊是否為空的，如果是則傳回 -1 值
35              return -1;
36          else
37              return stack[top--]; // 先將資料取出後，再將堆疊指標往下移
38      }
39  }
40  // 主類別的宣告
41  public class Stack01 {
42      public static void main(String args[]) throws IOException {
43          BufferedReader buf;
44          int value;
45          StackByArray stack =new StackByArray(10);
46          buf=new BufferedReader(
47                      new InputStreamReader(System.in));
48          System.out.println(" 請依序輸入 10 筆資料：");
49          for (int i=0;i<10;i++) {
50              value=Integer.parseInt(buf.readLine());
51              stack.push(value);
52          }
53          System.out.println("=============================");
54          while (!stack.empty()) // 將堆疊資料陸續從頂端彈出
55              System.out.println(" 堆疊彈出的順序為 :"+stack.pop());
56      }
57  }
```

執行結果

```
D:\Java\ch08>javac Stack01.java

D:\Java\ch08>java Stack01
請依序輸入10筆資料:
2
4
6
8
10
9
7
5
3
1

堆疊彈出的順序為:1
堆疊彈出的順序為:3
堆疊彈出的順序為:5
堆疊彈出的順序為:7
堆疊彈出的順序為:9
堆疊彈出的順序為:10
堆疊彈出的順序為:8
堆疊彈出的順序為:6
堆疊彈出的順序為:4
堆疊彈出的順序為:2

D:\Java\ch08>
```

8-1-1　撲克牌發牌演算法

接下來還要看一個堆疊應用的範例程式。下例是以陣列模擬撲克牌洗牌及發牌過程的演算法。以亂數取得撲克牌後放入堆疊,放滿 52 張牌後開始發牌,同樣的使用堆疊功能來發牌給四個人。

範例 Stack02.java ┃ 請利用陣列模擬撲克牌洗牌及發牌的過程，以亂數取得撲克牌後放入堆疊，放滿 52 張牌後開始發牌，同樣是使用堆疊功能來發牌給四個人。

```
01  //   堆疊應用 - 洗牌與發牌的過程
02  //      0~12   梅花
03  //      13~25  磚塊
04  //      26~38  紅心
05  //      39~51  黑桃
06
07  import java.io.*;
08  public     class Stack02
09  {
10  static int top=-1;
11  public static void main(String args[]) throws IOException
12
13  {
14      int card[]=new int[52];
15      int stack[]=new int[52];
16      int i,j,k=0,test;
17      char ascVal=5;
18      int style;
19      for (i=0;i<52;i++)
20          card[i]=i;
21      System.out.println("[洗牌中 ... 請稍後 !]");
22      while(k<30)
23      {
24          for(i=0;i<51;i++)
25          {
26              for(j=i+1;j<52;j++)
27              {
28                  if(((int)(Math.random()*5))==2)
29                  {
30                      test=card[i];// 洗牌
31                      card[i]=card[j];
32                      card[j]=test;
33                  }
34              }
35
36          }
37          k++;
38      }
39      i=0;
40      while(i!=52)
```

```
41          {
42              push(stack,52,card[i]);          // 將 52 張牌推入堆疊
43              i++;
44          }
45      System.out.println("[ 逆時針發牌 ]");
46      System.out.println("[ 顯示各家牌子 ]\n 東家 \t   北家 \t   西家 \t    南家 ");
47      System.out.println("==============================");
48      while (top >=0)
49      {
50          style = stack[top]/13;       // 計算牌子花色
51          switch(style)                 // 牌子花色圖示對應
52          {
53              case 0:                   // 梅花
54                  ascVal='C';
55                  break;
56              case 1:                   // 方塊
57                  ascVal='D';
58                  break;
59              case 2:                   // 紅心
60                  ascVal='H';
61                  break;
62              case 3:                   // 黑桃
63                  ascVal='S';
64                  break;
65          }
66          System.out.print("["+ascVal+(stack[top]%13+1)+"]");
67                  System.out.print('\t');
68          if(top%4==0)
69                  System.out.println();
70          top--;
71      }
72  }
73  public static void push(int stack[],int MAX,int val)
74      {
75      if(top>=MAX-1)
76          System.out.println("[ 堆疊已經滿了 ]");
77      else
78      {
79          top++;
80          stack[top]=val;
81      }
82      }
83  public static int pop(int stack[])
84      {
85      if(top<0)
86          System.out.println("[ 堆疊已經空了 ]");
```

```
87      else
88          top--;
89      return stack[top];
90   }
91 }
```

✎ 執行結果

```
D:\Java\ch08>javac Stack02.java

D:\Java\ch08>java Stack02
[洗牌中...請稍後!]
[逆時針發牌]
[顯示各家牌子]
東家      北家      西家      南家

[C12]    [C13]    [S9]     [D10]
[D7]     [C7]     [D11]    [C9]
[S5]     [H10]    [D13]    [H9]
[C3]     [D8]     [H11]    [C2]
[C5]     [S12]    [D1]     [S11]
[H5]     [D4]     [H8]     [H13]
[S8]     [D6]     [H6]     [C11]
[H4]     [H12]    [C1]     [S7]
[D3]     [D12]    [H7]     [S4]
[S3]     [D5]     [S1]     [C10]
[C4]     [D9]     [S10]    [S2]
[H3]     [C8]     [S13]    [S6]
[H1]     [H2]     [C6]     [D2]

D:\Java\ch08>
```

8-2 串列實作堆疊

　　雖然以陣列結構來製作堆疊的好處是製作與設計的演算法都相當簡單，但因為如果堆疊本身是變動的話，陣列大小並無法事先規劃宣告。這時往往必須使用最大可能性陣列空間來考量，這樣會造成記憶體空間的浪費。而鏈結串列來製作堆疊的優點是隨時可以動態改變串列長度，不過缺點是設計時，演算法較為複雜。以下我們將以串列來模擬堆疊實作。

　　Java 的相關演算法如下：

```java
class Node // 鏈結節點的宣告
{
    int data;
    Node next;
    public Node(int data)
    {
        this.data=data;
        this.next=null;
    }
}
```

```java
// 類別方法：isEmpty()
// 判斷堆疊如果為空堆疊，則 front==null;
public boolean isEmpty()
{
    return front==null;
}
```

```java
// 類別方法：insert()
// 在堆疊頂端加入資料
public void insert(int data)
{
    Node newNode=new Node(data);
    if(this.isEmpty())
    {
        front=newNode;
        rear=newNode;
    }
    else
    {
        rear.next=newNode;
        rear=newNode;
    }
}
```

```
// 類別方法：pop()
// 在堆疊頂端刪除資料
public void pop()
{
    Node newNode;
    if(this.isEmpty())
    {
        System.out.print("=== 目前為空堆疊 ===\n");
        return;
    }
    newNode=front;
    if(newNode==rear)
    {
        front=null;
        rear=null;
        System.out.print("=== 目前為空堆疊 ===\n");
    }
    else
    {
        while(newNode.next!=rear)
            newNode=newNode.next;
        newNode.next=rear.next;
        rear=newNode;
    }
}
```

範例 Stack03.java ▌ 請利用串列結構來設計一 **Java** 程式，利用迴圈來控制準備推入或取出的元素，其中必須包括推入（**push**）與彈出（**pop**）函數，及最後輸出所有堆疊內的元素。

```
01   // 鏈結串列製作堆疊
02
03   import java.io.*;
04
05   class Node // 鏈結節點的宣告
06   {
07       int data;
08       Node next;
09       public Node(int data)
```

```
10      {
11          this.data=data;
12          this.next=null;
13      }
14  }
15
16  class StackByLink
17  {
18      public Node front; // 指向堆疊底端的指標
19      public Node rear;  // 指向堆疊頂端的指標
20      // 類別方法：isEmpty()
21      // 判斷堆疊如果為空堆疊，則 front==null;
22      public boolean isEmpty()
23      {
24          return front==null;
25      }
26      // 類別方法：output_of_Stack()
27      // 列印堆疊內容
28      public void output_of_Stack()
29      {
30          Node current=front;
31          while(current!=null)
32          {
33          System.out.print("["+current.data+"]");
34          current=current.next;
35          }
36          System.out.println();
37      }
38      // 類別方法：insert()
39      // 在堆疊頂端加入資料
40      public void insert(int data)
41      {
42          Node newNode=new Node(data);
43          if(this.isEmpty())
44          {
45              front=newNode;
46              rear=newNode;
47          }
48          else
49          {
50              rear.next=newNode;
51              rear=newNode;
```

```
52              }
53          }
54      // 類別方法：pop()
55      // 在堆疊頂端刪除資料
56      public void pop()
57      {
58          Node newNode;
59          if(this.isEmpty())
60          {
61              System.out.print("=== 目前為空堆疊 ===\n");
62              return;
63          }
64          newNode=front;
65          if(newNode==rear)
66              {
67              front=null;
68              rear=null;
69              System.out.print("=== 目前為空堆疊 ===\n");
70              }
71          else
72          {
73              while(newNode.next!=rear)
74                  newNode=newNode.next;
75              newNode.next=rear.next;
76              rear=newNode;
77          }
78
79      }
80 }
81
82 class Stack03
83 {
84      public static void main(String args[]) throws IOException
85      {
86          BufferedReader buf;
87          buf=new BufferedReader(new InputStreamReader(System.in));
88          StackByLink stack_by_linkedlist =new StackByLink();
89          int choice=0;
90          while(true)
91          {
92              System.out.print("(0) 結束 (1) 在堆疊加入資料 (2) 彈出堆疊資料 :");
93              choice=Integer.parseInt(buf.readLine());
```

```
94                  if(choice==2)
95                  {
96                      stack_by_linkedlist.pop();
97                      System.out.println(" 資料彈出後堆疊內容 :");
98                      stack_by_linkedlist.output_of_Stack();
99                  }
100                 else if(choice==1)
101                 {
102                     System.out.print(" 請輸入要加入堆疊的資料 :");
103                     choice=Integer.parseInt(buf.readLine());
104                     stack_by_linkedlist.insert(choice);
105                     System.out.println(" 資料加入後堆疊內容 :");
106                     stack_by_linkedlist.output_of_Stack();
107                 }
108                 else if(choice==0)
109                     break;
110                 else
111                 {
112                     System.out.println(" 輸入錯誤 !!");
113                 }
114             }
115         }
116 }
```

✏️ 執行結果

```
D:\Java\ch08>javac Stack03.java

D:\Java\ch08>java Stack03
(0)結束(1)在堆疊加入資料(2)彈出堆疊資料:1
請輸入要加入堆疊的資料:32
資料加入後堆疊內容:
[32]
(0)結束(1)在堆疊加入資料(2)彈出堆疊資料:1
請輸入要加入堆疊的資料:45
資料加入後堆疊內容:
[32][45]
(0)結束(1)在堆疊加入資料(2)彈出堆疊資料:2
資料彈出後堆疊內容:
[32]
(0)結束(1)在堆疊加入資料(2)彈出堆疊資料:1
請輸入要加入堆疊的資料:78
資料加入後堆疊內容:
[32][78]
(0)結束(1)在堆疊加入資料(2)彈出堆疊資料:0

D:\Java\ch08>
```

8-3 古老的河內塔演算法

法國數學家 Lucas 在 1883 年介紹了一個十分經典的河內塔（Tower of Hanoi）智力遊戲，是典型使用遞迴式與堆疊觀念來解決問題的範例，內容是說在古印度神廟，廟中有三根木樁，天神希望和尚們把某些數量大小不同的圓盤，由第一個木樁全部移動到第三個木樁。

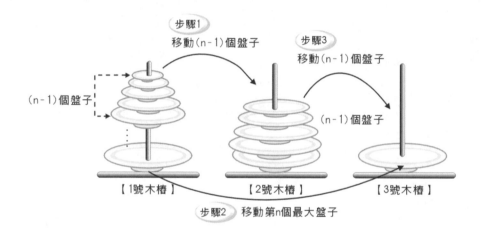

更精確來說，河內塔問題可以這樣形容：假設有 A、B、C 三個木樁和 n 個大小均不相同的套環（Disc），由小到大編號為 1,2,3...n，編號越大直徑越大。開始的時候，n 個套環套在 A 木樁上，現在希望能找到將 A 木樁上的套環藉著 B 木樁當中間橋樑，全部移到 C 木樁上最少次數的方法。不過在搬動時還必須遵守下列規則：

① 直徑較小的套環永遠置於直徑較大的套環上。

② 套環可任意地由任何一個木樁移到其他的木樁上。

③ 每一次僅能移動一個套環，而且只能從最上面的套環開始移動。

現在我們考慮 n=1~3 的狀況，以圖示方式為各位示範處理河內塔問題的
步驟：

n=1 個套環

（當然是直接把盤子從 1 號木樁移動到 3 號木樁。）

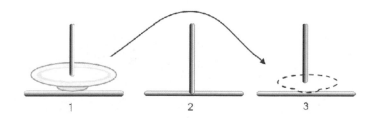

n=2 個套環

❶ 將套環從 1 號木樁移動到 2 號木樁

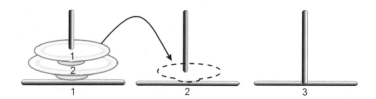

❷ 將套環從 1 號木樁移動到 3 號木樁

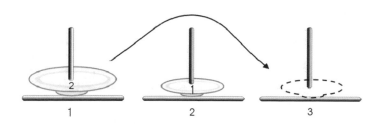

❸ 將套環從 2 號木樁移動到 3 號木樁，就完成了

❹ 完成

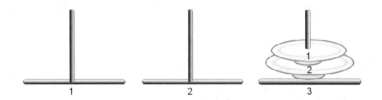

結論：移動了 2^2-1=3 次，盤子移動的次序為 1,2,1（此處為盤子次序）

步驟為：1 → 2，1 → 3，2 → 3（此處為木樁次序）

n=3 個套環

❶ 將套環從 1 號木樁移動到 3 號木樁

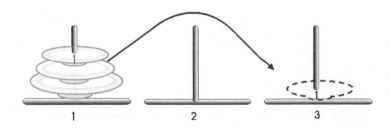

❷　將套環從 1 號木樁移動到 2 號木樁

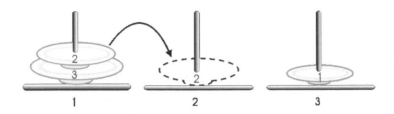

❸　將套環從 3 號木樁移動到 2 號木樁

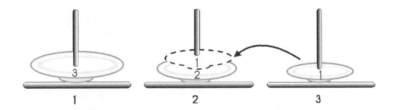

❹　將套環從 1 號木樁移動到 3 號木樁

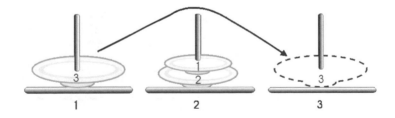

❺　將套環從 2 號木樁移動到 1 號木樁

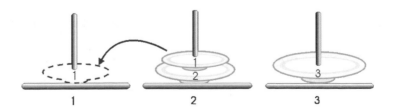

❻ 將套環從 2 號木樁移動到 3 號木樁

❼ 將套環從 1 號木樁移動到 3 號木樁，就完成了

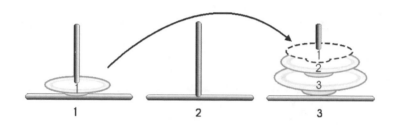

❽ 完成

結論：移動了 $2^3-1=7$ 次，盤子移動的次序為 1,2,1,3,1,2,1（盤子次序）

步驟為 1→3，1→2，3→2，1→3，2→1，2→3，1→3（木樁次序）

當有 4 個盤子時，我們實際操作後（在此不作圖說明），盤子移動的次序為 121312141213121，而移動木樁的順序為 1→2，1→3，2→3，1→2，3→1，3→2，1→2，1→3，2→3，2→1，3→1，2→3，1→2，1→3，2→3，而移動次數為 $2^4-1=15$。

　　當 n 不大時，各位可以逐步用圖示解決，但 n 的值較大時，那可就十分傷腦筋了。事實上，我們可以得到一個結論，例如當有 n 個盤子時，可將河內塔問題歸納成三個步驟：

STEP 1 將 n-1 個盤子，從木樁 1 移動到木樁 2。

STEP 2 將第 n 個最大盤子，從木樁 1 移動到木樁 3。

STEP 3 將 n-1 個盤子，從木樁 2 移動到木樁 3。

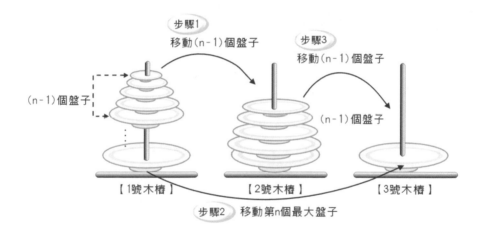

　　此刻相信各位應該發現河內塔問題是非常適合以遞迴式與堆疊來解決。因為它滿足了遞迴的兩大特性①有反覆執行的過程②有停止的出口。

範例 Tower.java ┃ 河內塔問題的演算法。

```
01   // 利用河內塔函數求出不同盤子數的盤子移動步驟
02
03   import java.io.*;
04   public    class Tower
05   {
```

```
06      public static void main(String args[]) throws IOException
07      {
08          int j;
09          String str;
10          BufferedReader keyin=new BufferedReader(new InputStreamReader
                (System.in));
11          System.out.print("請輸入盤子數量： ");
12          str=keyin.readLine();
13          j=Integer.parseInt(str);
14          hanoi(j,1, 2, 3);
15      }
16      public static void hanoi(int n, int p1, int p2, int p3)
17      {
18          if (n==1)
19              System.out.println("盤子從 "+p1+" 移到 "+p3);
20          else
21          {
22              hanoi(n-1, p1, p3, p2);
23              System.out.println("盤子從 "+p1+" 移到 "+p3);
24              hanoi(n-1, p2, p1, p3);
25          }
26      }
27  }
```

執行結果

```
D:\Java\ch08>javac Tower.java

D:\Java\ch08>java Tower
請輸入盤子數量： 3
盤子從 1 移到 3
盤子從 1 移到 2
盤子從 3 移到 2
盤子從 1 移到 3
盤子從 2 移到 1
盤子從 2 移到 3
盤子從 1 移到 3

D:\Java\ch08>
```

範例 請問河內塔問題中，移動 **n** 個盤子所需的最小移動次數？試說明之。

解答 課文中曾經提過當有 n 個盤子時，可將河內塔問題歸納成三個步驟，其中 a_n 為移動 n 個盤子所需要的最少移動次數，a_{n-1} 為移動 n-1 個盤子所需要的最少移動次數，$a_1=1$ 為只剩一個盤子時的次數，因此可得如下式子：

$$a_n = a_{n-1}+1+ a_{n-1}$$
$$= 2a_{n-1}+1$$
$$= 2(2a_{n-2}+1)+1$$
$$= 4a_{n-2}+2+1$$
$$= 4(2a_{n-3}+1)+2+1$$
$$= 8a_{n-3}+4+2+1$$
$$= 8(2a_{n-4}+1)+4+2+1$$
$$= 16a_{n-4}+8+4+2+1$$
$$= \cdots$$
$$= \cdots$$
$$= 2^{n-1}a_1+ \sum_{k=0}^{n-2}2^k \text{ 因此，} a_n=2^{n-1}\star1+ \sum_{k=0}^{n-2}2^k$$
$$= 2^{n-1}+2^{n-1}-1=2^n-1$$

得知要移動 n 個盤子所需的最小移動次數為 2^n-1 次

8-4　八皇后演算法

　　八皇后問題也是常見的堆疊應用實例。在西洋棋中的皇后可以在沒有限定一步走幾格的前提下，對棋盤中的其他棋子直吃、橫吃及對角斜吃（左斜吃或右斜吃皆可），只要後放入的新皇后，在放入前必須考慮所放位置直線方向、橫線方向或對角線方向是否已被放置舊皇后，否則就會被先放入的舊皇后吃掉。

利用這種觀念，我們可以將其應用在 4*4 的棋盤，就稱為 4- 皇后問題；應用在 8*8 的棋盤，就稱為 8- 皇后問題。應用在 N*N 的棋盤，就稱為 N- 皇后問題。要解決 N- 皇后問題（在此我們以 8- 皇后為例），首先當於棋盤中置入一個新皇后，且這個位置不會被先前放置的皇后吃掉，則將此新皇后的位置存入堆疊。

但若欲放置新皇后的該行（或該列）的 8 個位置，都沒有辦法放置新皇后（亦即一放入任何一個位置，就會被先前放置的舊皇后給吃掉）。此時，就必須由堆疊中取出前一個皇后的位置，並於該行（或該列）中重新尋找另一個新的位置放置，再將該位置存入堆疊中，而這種方式就是一種回溯（Backtracking）演算法的應用概念。

N- 皇后問題的解答，就是配合堆疊及回溯兩種演算法概念，以逐行（或逐列）找新皇后位置（如果找不到，則回溯到前一行找尋前一個皇后另一個新的位置，以此類推）的方式，來尋找 N- 皇后問題的其中一組解答。

以下分別是 4- 皇后及 8- 皇后在堆疊存放的內容及對應棋盤的其中一組解。

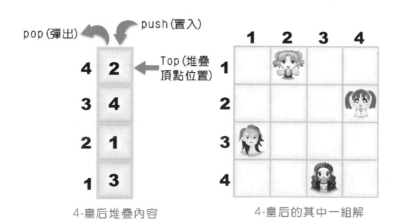

4-皇后堆疊內容　　　　　　　4-皇后的其中一組解

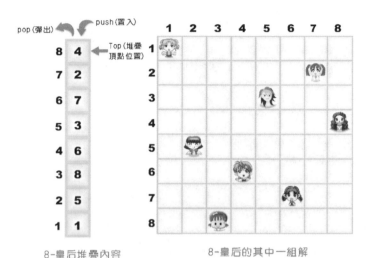

8-皇后堆疊內容　　　　　　8-皇后的其中一組解

範例 Eight.jav ┃ 請設計一 Java 程式，來計算八皇后問題共有幾組解的總數。

```
01   // 八皇后問題
02
03   import java.io.*;
04   class EightQ
05   {
06       static int TRUE=1, FALSE=0, EIGHT=8;
07       static int[] queen=new int [EIGHT]; // 存放 8 個皇后之列位置
08       static int number=0; //// 計算共有幾組解的總數
09           // 建構子
10       EightQ ()
11       {
12           number = 0 ;
13       }
14       // 按 Enter 鍵函數
15       public static void PressEnter()
16       {
17           char tChar;
18           System.out.print("\n\n");
19           System.out.println("... 按下 Enter 鍵繼續 ...");
20           try {
21               tChar=(char)System.in.read();
```

```
22        } catch(IOException e) {}
23    }
24        // 決定皇后存放的位置
25    public static void decide_position(int value)
26    {
27        int i=0;
28        while ( i < EIGHT )
29        {
30        // 是否受到攻擊的判斷式
31            if ( attack(i, value) !=1)
32            {
33                queen[value] = i ;
34                if ( value == 7 )
35                    print_table() ;
36                else
37                    decide_position(value+1) ;
38            }
39            i++ ;
40        }
41    }
42    // 測試在 (row,col) 上的皇后是否遭受攻擊
43    // 若遭受攻擊則傳回值為 1，否則傳回 0
44    public static int attack(int row,int col)
45    {
46        int i=0, atk=FALSE ;
47        int offset_row=0, offset_col=0 ;
48
49        while ( (atk!=1) && i < col ) {
50            offset_col = Math.abs(i - col) ;
51            offset_row = Math.abs(queen[i] - row) ;
52            // 判斷兩皇后是否在同一列或在同一對角線上
53            if  ((queen[i] == row)||(offset_row == offset_col) )
54                atk=TRUE ;
55            i++ ;
56        }
57        return atk ;
58    }
59
60    // 輸出所需要的結果
61    public static void print_table()
62    {
63        int x=0, y=0;
64        number+=1 ;
65        System.out.print("\n");
```

```
66          System.out.print(" 八皇后問題的第 "+number + " 組解 \n\t") ;
67          for ( x = 0 ; x < EIGHT ; x++ ) {
68              for ( y =0 ; y< EIGHT ;y++ )
69                  if ( x == queen[y] )
70                      System.out.print("<*>") ;
71                  else
72                      System.out.print("<->") ;
73              System.out.print("\n\t") ;
74          }
75          PressEnter();
76      }
77      public static void main (String args[])
78      {
79          EightQ.decide_position(0) ;
80      }
81  }
```

執行結果

```
D:\Java\ch08>javac EightQ.java

D:\Java\ch08>java EightQ

八皇后問題的第1組解
        <*><-><-><-><-><-><-><->
        <-><-><-><-><-><-><*><->
        <-><-><-><-><*><-><-><->
        <-><-><-><-><-><-><-><*>
        <-><*><-><-><-><-><-><->
        <-><-><-><*><-><-><-><->
        <-><-><-><-><-><*><-><->
        <-><-><*><-><-><-><-><->


...按下Enter鍵繼續...

八皇后問題的第2組解
        <*><-><-><-><-><-><-><->
        <-><-><-><-><-><-><*><->
        <-><-><-><-><*><-><-><->
        <-><-><-><-><-><*><-><->
        <-><-><-><-><-><-><-><*>
        <-><*><-><-><-><-><-><->
        <-><-><-><*><-><-><-><->
        <-><-><*><-><-><-><-><->
```

8-5 陣列實作佇列

　　以下我們就簡單地來實作佇列的工作運算，其中佇列宣告為 queue[20]，且一開始 front 和 rear 均預設為 -1（因為陣列的索引從 0 開始），表示空佇列。加入資料時請輸入 "1"，要取出資料時可輸入 "2"，將會直接印出佇列前端的值，要結束請按 "3"。

 範例 Queue01.java

```
01    // 實作佇列資料的存入和取出
02
03    import java.io.*;
04    public class Queue01
05    {
06        public static int front=-1,rear=-1,max=20;
07        public static int val;
08        public static char ch;
09        public static int queue[]=new int[max];
10        public static void main(String args[]) throws IOException
11            {
12            String strM;
13            int M=0;
14            BufferedReader keyin=new BufferedReader(new InputStreamReader(System.in));
15            while(rear<max-1&& M!=3)
16            {
17                System.out.print("[1] 存入一個數值 [2] 取出一個數值 [3] 結束 : ");
18                strM=keyin.readLine();
19                M=Integer.parseInt(strM);
20                switch(M)
21                {
22                case 1:
23                    System.out.print("\n[ 請輸入數值 ]: ");
24                    strM=keyin.readLine();
25                    val=Integer.parseInt(strM);
```

```
26              rear++;
27              queue[rear]=val;
28              break;
29          case 2:
30              if(rear>front)
31              {
32                  front++;
33                  System.out.print("\n[ 取出數值為 ]:
["+queue[front]+"]"+"\n");
34                  queue[front]=0;
35              }
36              else
37              {
38                  System.out.print("\n[ 佇列已經空了 ]\n");
39                  break;
40              }
41              break;
42          default:
43              System.out.print("\n");
44              break;
45          }
46      }
47      if(rear==max-1) System.out.print("[ 佇列已經滿了 ]\n");
48      System.out.print("\n[ 目前佇列中的資料 ]:");
49      if (front>=rear)
50      {
51          System.out.print(" 沒有 \n");
52          System.out.print("[ 佇列已經空了 ]\n");
53      }
54      else
55      {
56          while (rear>front)
57          {
58              front++;
59              System.out.print("["+queue[front]+"]");
60          }
61          System.out.print("\n");
62      }
63      }
64
65  }
```

執行結果

```
D:\Java\ch08>java Queue01.java
[1]存入一個數值[2]取出一個數值[3]結束: 1

[請輸入數值]: 6
[1]存入一個數值[2]取出一個數值[3]結束: 1

[請輸入數值]: 9
[1]存入一個數值[2]取出一個數值[3]結束: 2

[取出數值為]: [6]
[1]存入一個數值[2]取出一個數值[3]結束: 3


[目前佇列中的資料]:[9]

D:\Java\ch08>
```

經過了以上有關佇列陣列的實作與說明過程，我們將會發現在佇列加入與刪除時，因為佇列需要兩個指標 front、rear 來指向它的底部和頂端。當 rear=n（0 佇列容量）時，會產生一個小問題。例如：

事件說明	front	rear	Q(1)	Q(2)	Q(3)	Q(4)
空佇列 Q	0	0				
data1 進入	0	1	data1			
data2 進入	0	2	data1	data2		
data3 進入	0	3	data1	data2	data3	
data1 離開	1	3		data2	data3	
data4 進入	1	4		data2	data3	data4
data2 離開	2	4			data3	data4
data5 進入					data3	data4

data5 無法進入

從上圖中可以發現明明在佇列中有 Q(1) 與 Q(2) 兩個空間，但新的資料 data5，因為 rear=n(n=4)，所以會認為佇列已滿（Queue-Full），不能再加入。這時候，您可以將佇列中資料往前挪移，移出空間讓新資料加入。

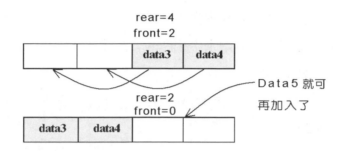

這種佇列中資料搬移的作法雖可以解決佇列空間浪費的問題，但如果佇列中的資料過多，搬移時將會造成時間的浪費。

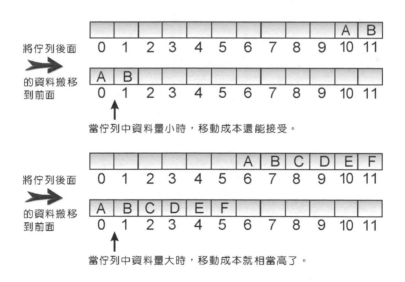

8-6 串列實作佇列

佇列除了能以陣列的方式來實作外，我們也可以鏈結串列來實作佇列。在宣告佇列類別中，除了和佇列類別中相關的方法外，還必須有指向佇列前端及佇列尾端的指標，即 front 及 rear。

範例 Queue02.java

```
01   //  實作以鏈結串列建立佇列
02
03   import java.io.*;
04   class QueueNode                     //  佇列節點類別
05   {
06       int data;                       //  節點資料
07       QueueNode next;                 //  指向下一個節點
08       // 建構子
09       public QueueNode(int data) {
10           this.data=data;
11           next=null;
12       }
13   };
14
15   class Linked_List_Queue {    // 佇列類別
16       public QueueNode front; // 佇列的前端指標
17       public QueueNode rear;  // 佇列的尾端指標
18
19       // 建構子
20       public Linked_List_Queue() { front=null; rear=null; }
21
22       // 方法 enqueue：佇列資料的存入
23       public boolean enqueue(int value) {
24           QueueNode node= new QueueNode(value); // 建立節點
25           // 檢查是否為空佇列
26           if (rear==null)
27               front=node; // 新建立的節點成為第 1 個節點
```

```
28          else
29              rear.next=node;  // 將節點加入到佇列的尾端
30          rear=node;  // 將佇列的尾端指標指向新加入的節點
31          return true;
32      }
33
34      // 方法 dequeue：佇列資料的取出
35      public int dequeue() {
36          int value;
37          // 檢查佇列是否為空佇列
38          if (!(front==null)) {
39              if(front==rear) rear=null;
40              value=front.data;  // 將佇列資料取出
41              front=front.next;  // 將佇列的前端指標指向下一個
42              return value;
43          }
44          else return -1;
45      }
46  }  // 佇列類別宣告結束
47
48  public class Queue02 {
49  // 主程式
50      public static void main(String args[]) throws IOException {
51      Linked_List_Queue queue =new Linked_List_Queue();  // 建立佇列物件
52      int temp;
53      System.out.println(" 以鏈結串列來實作佇列 ");
54      System.out.println("==================================");
55      System.out.println(" 在佇列前端加入第 1 筆資料，此資料值為 1");
56      queue.enqueue(1);
57      System.out.println(" 在佇列前端加入第 2 筆資料，此資料值為 3");
58      queue.enqueue(3);
59      System.out.println(" 在佇列前端加入第 3 筆資料，此資料值為 5");
60      queue.enqueue(5);
61      System.out.println(" 在佇列前端加入第 4 筆資料，此資料值為 7");
62      queue.enqueue(7);
63      System.out.println(" 在佇列前端加入第 5 筆資料，此資料值為 9");
64      queue.enqueue(9);
65      System.out.println("==================================");
66      while (true) {
67          if (!(queue.front==null)) {
68              temp=queue.dequeue();
69              System.out.println(" 從佇列前端依序取出的元素資料值為："+temp);
```

```
70                  }
71              else
72                  break;
73          }
74          System.out.println();
75      }
76  }
```

執行結果

```
D:\Java\ch08>javac Queue02.java

D:\Java\ch08>java Queue02
以鏈結串列來實作佇列

在佇列前端加入第1筆資料，此資料值為1
在佇列前端加入第2筆資料，此資料值為3
在佇列前端加入第3筆資料，此資料值為5
在佇列前端加入第4筆資料，此資料值為7
在佇列前端加入第5筆資料，此資料值為9

從佇列前端依序取出的元素資料值為：1
從佇列前端依序取出的元素資料值為：3
從佇列前端依序取出的元素資料值為：5
從佇列前端依序取出的元素資料值為：7
從佇列前端依序取出的元素資料值為：9


D:\Java\ch08>
```

8-7 雙向佇列

雙向佇列（Deques）是英文名稱（Double-ends Queues）的縮寫，雙向佇列（Deque）就是一種前後兩端都可輸入或取出資料的有序串列。如下圖所示：

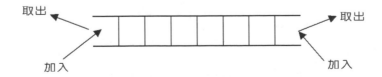

在雙向佇列中，我們仍然使用 2 個指標，分別指向加入及取回端，只是加入及取回時，各指標所扮演的角色不再是固定的加入或取回，而且兩邊的指標都是往佇列中央移動。其他部份則和一般佇列無異。

假設我們嘗試利用雙向佇列循序輸入 1,2,3,4,5,6,7 七組數字，試問是否能夠得到 5174236 的輸出排列？因為循序輸入 1,2,3,4,5,6,7 且要輸出 5174236，因此可得如下 deque：

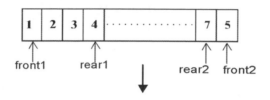

因為要輸出 5174236 的話，6 為最後一位，所以可得如下 deque：

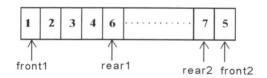

由上圖明顯得知，無法輸出 5174236 的排列。

範例 Double.java ┃ 請利用鏈結串列結構來設計一輸入限制的雙向佇列 Java 程式，我們只能從一端加入資料，但取出資料時，將分別由前後端取出。

```
01   // 輸入限制性雙向佇列實作
02
03   import java.io.*;
04   class QueueNode                    // 佇列節點類別
```

```
05  {
06      int data;                      // 節點資料
07      QueueNode next;                // 指向下一個節點
08      // 建構子
09      public QueueNode(int data) {
10          this.data=data;
11          next=null;
12      }
13  };
14
15  class Linked_List_Queue { // 佇列類別
16      public QueueNode front; // 佇列的前端指標
17      public QueueNode rear;   // 佇列的尾端指標
18
19      // 建構子
20      public Linked_List_Queue() { front=null; rear=null; }
21
22      // 方法 enqueue: 佇列資料的存入
23      public boolean enqueue(int value) {
24          QueueNode node= new QueueNode(value); // 建立節點
25          // 檢查是否為空佇列
26          if (rear==null)
27              front=node; // 新建立的節點成為第 1 個節點
28          else
29              rear.next=node; // 將節點加入到佇列的尾端
30          rear=node; // 將佇列的尾端指標指向新加入的節點
31          return true;
32      }
33
34      // 方法 dequeue: 佇列資料的取出
35      public int dequeue(int action) {
36          int value;
37          QueueNode tempNode,startNode;
38          // 從前端取出資料
39          if (!(front==null) && action==1) {
40              if(front==rear) rear=null;
41              value=front.data; // 將佇列資料從前端取出
42              front=front.next; // 將佇列的前端指標指向下一個
43              return value; }
44              // 從尾端取出資料
45              else if(!(rear==null) && action==2) {
46                  startNode=front;   // 先記下前端的指標值
```

```
47          value=rear.data;   // 取出目前尾端的資料
48          // 找尋最尾端節點的前一個節點
49          tempNode=front;
50          while (front.next!=rear && front.next!=null) { front=front.
               next;tempNode=front;}
51          front=startNode;   // 記錄從尾端取出資料後的佇列前端指標
52          rear=tempNode;     // 記錄從尾端取出資料後的佇列尾端指標
53          // 下一行程式是指當佇列中僅剩下最節點時，取出資料後便將 front 及 rear
               指向 null
54          if ((front.next==null) || (rear.next==null)) { front=null;rear=null; }
55              return value; }
56          else return -1;
57       }
58  } // 佇列類別宣告結束
59
60  public class Double {
61  // 主程式
62      public static void main(String args[]) throws IOException {
63      Linked_List_Queue queue =new Linked_List_Queue(); // 建立佇列物件
64      int temp;
65      System.out.println(" 以鏈結串列來實作雙向佇列 ");
66      System.out.println("=================================");
67      System.out.println(" 在雙向佇列前端加入第 1 筆資料，此資料值為 1");
68      queue.enqueue(1);
69      System.out.println(" 在雙向佇列前端加入第 2 筆資料，此資料值為 3");
70      queue.enqueue(3);
71      System.out.println(" 在雙向佇列前端加入第 3 筆資料，此資料值為 5");
72      queue.enqueue(5);
73      System.out.println(" 在雙向佇列前端加入第 4 筆資料，此資料值為 7");
74      queue.enqueue(7);
75      System.out.println(" 在雙向佇列前端加入第 5 筆資料，此資料值為 9");
76      queue.enqueue(9);
77      System.out.println("=================================");
78      temp=queue.dequeue(1);
79      System.out.println(" 從雙向佇列前端依序取出的元素資料值為："+temp);
80      temp=queue.dequeue(2);
81      System.out.println(" 從雙向佇列尾端依序取出的元素資料值為："+temp);
82      temp=queue.dequeue(1);
83      System.out.println(" 從雙向佇列前端依序取出的元素資料值為："+temp);
84      temp=queue.dequeue(2);
85      System.out.println(" 從雙向佇列尾端依序取出的元素資料值為："+temp);
86      temp=queue.dequeue(1);
```

```
87      System.out.println(" 從雙向佇列前端依序取出的元素資料值為："+temp);
88      System.out.println();
89      }
90   }
```

執行結果

```
D:\Java\ch08>javac Double.java

D:\Java\ch08>java Double
以鏈結串列來實作雙向佇列

在雙向佇列前端加入第1筆資料，此資料值為1
在雙向佇列前端加入第2筆資料，此資料值為3
在雙向佇列前端加入第3筆資料，此資料值為5
在雙向佇列前端加入第4筆資料，此資料值為7
在雙向佇列前端加入第5筆資料，此資料值為9

從雙向佇列前端依序取出的元素資料值為：1
從雙向佇列尾端依序取出的元素資料值為：9
從雙向佇列前端依序取出的元素資料值為：3
從雙向佇列尾端依序取出的元素資料值為：7
從雙向佇列前端依序取出的元素資料值為：5


D:\Java\ch08>
```

8-8 一定要懂得優先佇列

優先佇列（Priority Queue）為一種不必遵守佇列特性－ FIFO（先進先出）的有序串列，其中的每一個元素都賦予一個優先權（Priority），加入元素時可任意加入，但有最高優先權者（Highest Priority Out First, HPOF）則最先輸出。

　　我們知道一般醫院中的急診室，當然以最嚴重的病患（如得 SARS 的病人）優先診治，跟進入醫院掛號的順序無關，又如電腦中 CPU 的工作排程，優先權排程（Priority Scheduling, PS）就是一種來挑選行程的「排程演算法」（Scheduling Algorithm），也會使用到優先佇列，好比層級高的使用者，就比一般使用者擁有較高的權利。

【急診室病患的安排就是優先佇列的應用】

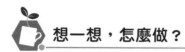

想一想，怎麼做？

1. 請舉出至少三種常見的堆疊應用。

2. 解釋下列名詞：

   (1) 堆疊（Stack）

   (2) TOP(PUSH(i,s)) 之結果為何？

   (3) POP(PUSH(i,s)) 之結果為何？

3. 請問河內塔問題中，移動 n 個盤子所需的最小移動次數？試說明之。

4. 何謂優先佇列？請說明之。

5. 回答以下問題：

   (1) 下列何者不是佇列（Queue）觀念的應用？ (A) 作業系統的工作排程 (B) 輸出入的工作緩衝 (C) 河內塔的解決方法 (D) 中山高速公路的收費站收費

   (2) 下列哪一種資料結構是線性串列？ (A) 堆疊 (B) 佇列 (C) 雙向佇列 (D) 陣列 (E) 樹

6. 假設我們利用雙向佇列（deque）循序輸入 1,2,3,4,5,6,7，試問是否能夠得到 5174236 的輸出排列？

7. 請說明佇列應具備的基本特性。

8. 請舉出至少三種佇列常見的應用。

9. 何謂多重佇列（multiqueue）？請說明定義與目的。

超圖解的
樹狀演算法

樹狀結構是一種日常生活中應用相當廣泛的非線性結構，樹狀演算法在程式中的建立與應用大多使用鏈結串列來處理，因為鏈結串列的指標用來處理樹是相當方便，只需改變指標即可。此外，當然也可以使用陣列這樣的連續記憶體來表示二元樹，至於使用陣列或鏈結串列都各有利弊，本章將介紹常見的相關演算法。

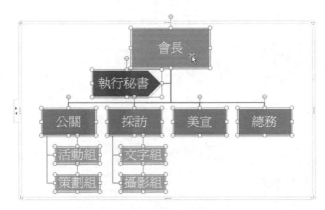

【社團的組織圖也是樹狀結構的應用】

由於二元樹的應用相當廣泛，所以衍生了許多特殊的二元樹結構。

完滿二元樹（Fully Binary Tree）

如果二元樹的高度為 h，樹的節點數為 2^h-1，h>=0，則我們稱此樹為「完滿二元樹」（Full Binary Tree），如下圖所示：

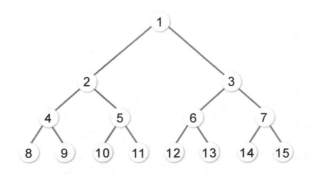

完整二元樹（Complete Binary Tree）

如果二元樹的深度為 h，所含的節點數小於 2^h-1，但其節點的編號方式如同深度為 h 的完滿二元樹一般，從左到右，由上到下的順序一一對應結合。如下圖：

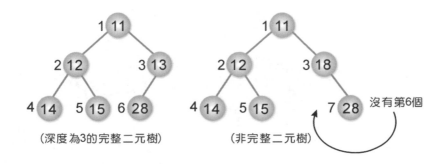

對於完整二元樹而言，假設有 N 個節點，那麼此二元樹的階層（Level）h 為 $\lfloor \log_2(N+1) \rfloor$。

歪斜樹（Skewed Binary Tree）

當一個二元樹完全沒有右節點或左節點時，我們就把它稱為左歪斜樹或右歪斜樹。

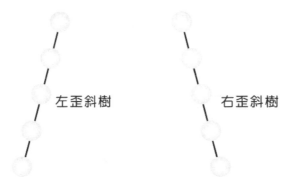

✎ 嚴格二元樹（strictly binary tree）

如果二元樹的每個非終端節點均有非空的左右子樹，則如下圖所示：

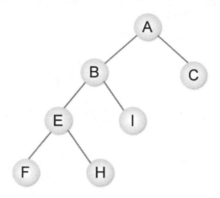

9-1 陣列實作二元樹

如果使用循序的一維陣列來表示二元樹，首先可將此二元樹假想成一個完滿二元樹（Full Binary Tree），而且第 k 個階度具有 2^{k-1} 個節點，並且依序存放在此一維陣列中。首先來看看使用一維陣列建立二元樹的表示方法及索引值的配置：

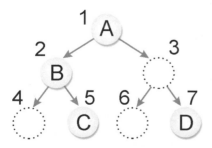

索引值	1	2	3	4	5	6	7
內容值	A	B			C		D

從上圖中，我們可以看到此一維陣列中的索引值有以下關係：

① 左子樹索引值是父節點索引值 ***2**。

② 右子樹索引值是父節點索引值 ***2+1**。

接著就來看如何以一維陣列建立二元樹的實例，事實上就是建立一個二元搜尋樹，這是一種很好的排序應用模式，因為在建立二元樹的同時，資料已經經過初步的比較判斷，並依照二元樹的建立規則來存放資料。所謂二元搜尋樹具有以下特點：

① 可以是空集合，但若不是空集合則節點上一定要有一個鍵值。

② 每一個樹根的值需大於左子樹的值。

③ 每一個樹根的值需小於右子樹的值。

④ 左右子樹也是二元搜尋樹。

⑤ 樹的每個節點值都不相同。

現在我們示範將一組資料 32、25、16、35、27，建立一棵二元搜尋樹：

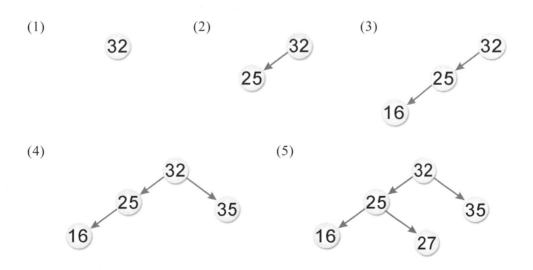

範例 Tree01.java ▌ 請設計一 Java 程式,先建立一個一維陣列,並將陣列中的值依照上述規則建立一個完滿二元樹。

```
01   // 建立二元樹
02
03   import java.io.*;
04   public    class Tree01
05   {
06       public static void main(String args[]) throws IOException
07
08       {
09           int i,level;
10           int data[]={6,3,5,9,7,8,4,2}; /* 原始陣列 */
11           int btree[]=new int[16];
12           for(i=0;i<16;i++) btree[i]=0;
13           System.out.print(" 原始陣列內容: \n");
14           for(i=0;i<8;i++)
15           System.out.print("["+data[i]+"] ");
16           System.out.println();
17           for(i=0;i<8;i++)                      /* 把原始陣列中的值逐一比對 */
18           {
19               for(level=1;btree[level]!=0;)  /* 比較樹根及陣列內的值 */
20               {
21                   if(data[i]>btree[level])   /* 如果陣列內的值大於樹根,則往右子樹
                                                   比較 */
22                       level=level*2+1;
23                   else         /* 如果陣列內的值小於或等於樹根,則往左子樹比較 */
24                       level=level*2;
25               }                 /* 如果子樹節點的值不為 0,則再與陣列內的值比較一次 */
26               btree[level]=data[i];        /* 把陣列值放入二元樹 */
27           }
28           System.out.print(" 二元樹內容:\n");
29           for (i=1;i<16;i++)
30               System.out.print("["+btree[i]+"] ");
31           System.out.print("\n");
32
33       }
34   }
```

執行結果

```
D:\Java\ch09>java tree01.java
原始陣列內容:
[6] [3] [5] [9] [7] [8] [4] [2]
二元樹內容:
[6] [3] [9] [2] [5] [7] [0] [0] [0] [4] [0] [0] [8] [0] [0]

D:\Java\ch09>
```

　　通常以陣列表示法來儲存二元樹，如果愈接近完滿二元樹，則愈節省空間，如果是歪斜樹則最浪費空間。另外要增刪資料較麻煩，必須重新建立二元樹。

　　下圖是此陣列值在二元樹中的存放情形：

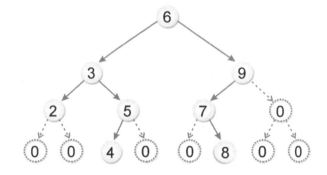

9-2　串列實作二元樹

　　由於二元樹最多只能有兩個子節點，就是分支度小於或等於 2，而所謂串列表示法，就是利用鏈結串列來儲存二元樹。例如在 Java 語言中，我們可定義 TreeNode 類別及 BinaryTree 類別，其中 TreeNode 的代表二元樹中的一個節點，定義如下：

```
class TreeNode
{
    int value;
    TreeNode left_Node;
    TreeNode right_Node;
    public TreeNode(int value)
    {
        this.value=value;
        this.left_Node=null;
        this.right_Node=null;
    }
}
```

　　使用鏈結串列來表示二元樹的好處是對於節點的增加與刪除相當容易，缺點是很難找到父節點，除非在每一節點多增加一個父欄位。可以把下圖二元樹表示成：

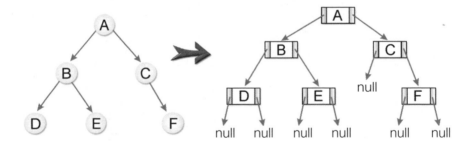

　　範例 **Tree02.java** ┃ 請設計一 Java 程式，依序輸入一棵二元樹 10 個節點的資料，並利用鏈結串列來建立二元樹。

```
01   // 以鏈結串列實作二元樹
02
03   import java.io.*;
04   // 二元樹節點類別宣告
05   class TreeNode {
06       int value;
07       TreeNode left_Node;
```

```
08        TreeNode right_Node;
09        // TreeNode 建構子
10        public TreeNode(int value) {
11            this.value=value;
12            this.left_Node=null;
13            this.right_Node=null;
14        }
15    }
16    // 二元樹類別宣告
17    class BinaryTree {
18        public TreeNode rootNode; // 二元樹的根節點
19        // 建構子：利用傳入一個陣列的參數來建立二元樹
20        public BinaryTree(int[] data) {
21            for(int i=0;i<data.length;i++)
22                Add_Node_To_Tree(data[i]);
23        }
24        // 將指定的值加入到二元樹中適當的節點
25        void Add_Node_To_Tree(int value) {
26            TreeNode currentNode=rootNode;
27            if(rootNode==null) { // 建立樹根
28                rootNode=new TreeNode(value);
29                return;
30            }
31            // 建立二元樹
32            while(true) {
33                if (value<currentNode.value) { // 在左子樹
34                    if(currentNode.left_Node==null) {
35                        currentNode.left_Node=new TreeNode(value);
36                        return;
37                    }
38                    else currentNode=currentNode.left_Node;
39                }
40                else { // 在右子樹
41                    if(currentNode.right_Node==null) {
42                        currentNode.right_Node=new TreeNode(value);
43                        return;
44                    }
45                    else currentNode=currentNode.right_Node;
46                }
47            }
48        }
49    }
```

```
50  public class Tree02 {
51      // 主函式
52      public static void main(String args[]) throws IOException {
53          int ArraySize=10;
54          int tempdata;
55          int[] content=new int[ArraySize];
56          BufferedReader keyin=new BufferedReader(new InputStreamReader(System.in));
57          System.out.println(" 請連續輸入 "+ArraySize+" 筆資料 ");
58          for(int i=0;i<ArraySize;i++) {
59          System.out.print(" 請輸入第 "+(i+1)+" 筆資料 :  ");
60          tempdata=Integer.parseInt(keyin.readLine());
61          content[i]=tempdata;
62          }
63          new BinaryTree(content);
64          System.out.println("=== 以鏈結串列方式建立二元樹，成功 !!!===");
65      }
66  }
```

執行結果

```
D:\Java\ch09>javac tree02.java

D:\Java\ch09>java Tree02
請連續輸入10筆資料
請輸入第1筆資料: 6
請輸入第2筆資料: 4
請輸入第3筆資料: 8
請輸入第4筆資料: 2
請輸入第5筆資料: 10
請輸入第6筆資料: 13
請輸入第7筆資料: 1
請輸入第8筆資料: 7
請輸入第9筆資料: 5
請輸入第10筆資料: 16
──以鏈結串列方式建立二元樹,成功!!!──

D:\Java\ch09>
```

　　我們使用鏈結串列來表示二元樹的好處是，對於節點的增加與刪除相當容易，缺點是很難找到父節點，除非在每一節點多增加一個父欄位。

9-3 二元樹走訪的入門捷徑

我們知道線性陣列或串列，都只能單向從頭至尾或反向走訪。所謂二元樹的走訪（Binary Tree Traversal），最簡單的說法就是「拜訪樹中所有的節點各一次」，並且在走訪後，將樹中的資料轉化為線性關係。就以下圖一個簡單的二元樹節點而言，每個節點都可區分為左右兩個分支。

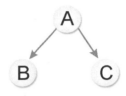

所以共有 ABC、ACB、BAC、BCA、CAB、CBA 等 6 種走訪方法。如果是依照二元樹特性，一律由左向右，那會只剩下三種走訪方式，分別是 BAC、ABC、BCA 三種。我們通常把這三種方式的命名與規則如下：

① 中序走訪（**BAC, Preorder**）：左子樹→樹根→右子樹

② 前序走訪（**ABC, Inorder**）：樹根→左子樹→右子樹

③ 後序走訪（**BCA, Postorder**）：左子樹→右子樹→樹根

對於這三種走訪方式，各位讀者只需要記得樹根的位置就不會前中後序給搞混。例如中序法即樹根在中間，前序法是樹根在前面，後序法則是樹根在後面。而走訪方式也一定是先左子樹後右子樹。以下針對這三種方式，為各位做更詳盡的介紹。

🔊 中序走訪

中序走訪（Inorder Traversal）是 LDR 的組合，也就是從樹的左側逐步向下方移動，直到無法移動，再追蹤此節點，並向右移動一節點。如果無法再向右移動時，可以返回上層的父節點，並重覆左、中、右的步驟進行。如下所示：

❶ 走訪左子樹。

❷ 拜訪樹根。

❸ 走訪右子樹。

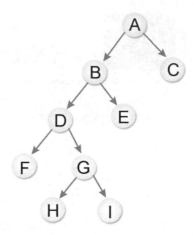

如右圖的中序走訪為：FDHGIBEAC

中序走訪的 Java 演算法如下：

```java
public void inOrder(TreeNode node)
{
    if(node!=null)
    {
        inOrder(node.left_Node);
        System.out.print("["+node.value+"]");
        inOrder(node.right_Node);
    }
}
```

後序走訪

後序走訪（Postorder Traversal）是 LRD 的組合，走訪的順序是先追蹤左子樹，再追蹤右子樹，最後處理根節點，反覆執行此步驟。如下所示：

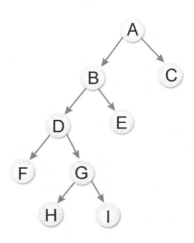

❶ 走訪左子樹。

❷ 走訪右子樹。

❸ 拜訪樹根。

如右圖的後序走訪為：FHIGDEBCA

後序走訪的 Java 演算法如下：

```java
public void PostOrder(TreeNode node)
{
    if(node!=null)
    {
        PostOrder(node.left_Node);
        PostOrder(node.right_Node);
        System.out.print("["+node.value+"]");
    }
}
```

前序走訪

前序走訪（Preorder Traversal）是 DLR 的組合，也就是從根節點走訪，再往左方移動，當無法繼續時，繼續向右方移動，接著再重覆執行此步驟。如下所示：

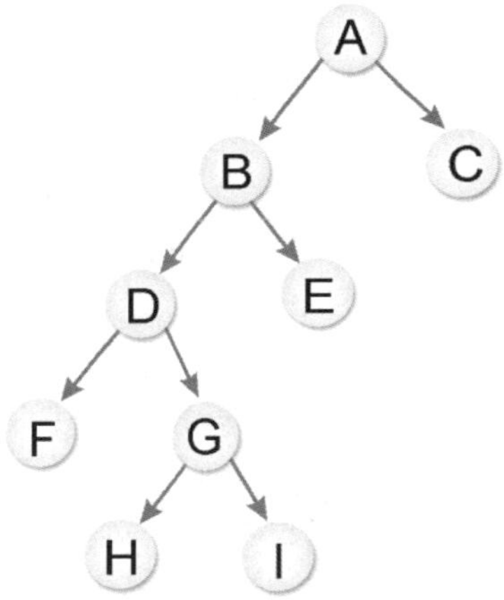

❶ 拜訪樹根。

❷ 走訪左子樹。

❸ 走訪右子樹。

如右圖的前序走訪為：ABDFGHIEC

前序走訪的 Java 演算法如下：

```java
public void PreOrder(TreeNode node)
{
    if(node!=null)
    {
        System.out.print("["+node.value+"]");
        PreOrder(node.left_Node);
        PreOrder(node.right_Node);
    }
}
```

我們趕快來看以下範例，請問以下二元樹的
中序、前序及後序表示法為何？

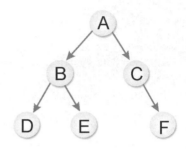

解答　中序走訪為：DBEACF

前序走訪為：ABDECF

後序走訪為：DEBFCA

接著再來看看下列二元樹的中序、前序及後序走訪的結果為何？

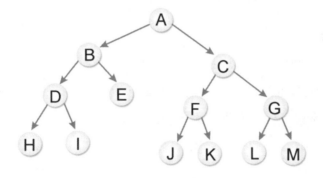

解答　前序走訪為：ABDHIECFJKGLM

中序走訪為：HDIBEAJFKCLGM

後序走訪為：HIDEBJKFLMGCA

接著我們來開始建立二元樹，並進行中序、前序與後序走訪的實作。在程
式中會預先指定二元樹的內容，並在列印二元樹後把樹的前、中、後序列印出
來，讓讀者比較三種走訪方式的不同處。

範例　**Order.java**

```
01   // 比較二元樹的前序、中序及後序表示法
02
03   import java.io.*;
```

```
04  class TreeNode
05  {
06      int value;
07      TreeNode left_Node;
08      TreeNode right_Node;
09
10      public TreeNode(int value)
11      {
12          this.value=value;
13          this.left_Node=null;
14          this.right_Node=null;
15      }
16  }
17
18  class BinaryTree
19  {
20      public TreeNode rootNode;
21
22      public void Add_Node_To_Tree(int value)
23      {
24          if (rootNode==null)
25          {
26              rootNode=new TreeNode(value);
27              return;
28          }
29          TreeNode currentNode=rootNode;
30          while(true)
31          {
32              if(value<currentNode.value)
33              {
34                  if(currentNode.left_Node==null)
35                  {
36                      currentNode.left_Node=new TreeNode(value);
37                      rcturn;
38                  }
39                  else
40                      currentNode=currentNode.left_Node;
41              }
42              else
43              {
44                  if(currentNode.right_Node==null)
45                  {
```

```
46                          currentNode.right_Node=new TreeNode(value);
47                          return;
48                      }
49                  else
50                      currentNode=currentNode.right_Node;
51              }
52          }
53      }
54      public  void InOrder(TreeNode node)
55      {
56          if (node!=null)
57          {
58              InOrder(node.left_Node);
59              System.out.print("["+node.value+"] ");
60              InOrder(node.right_Node);
61          }
62      }
63
64      public  void PreOrder(TreeNode node)
65      {
66          if (node!=null)
67          {
68              System.out.print("["+node.value+"] ");
69              PreOrder(node.left_Node);
70              PreOrder(node.right_Node);
71          }
72      }
73
74      public  void PostOrder(TreeNode node)
75      {
76          if (node!=null)
77          {
78              PostOrder(node.left_Node);
79              PostOrder(node.right_Node);
80              System.out.print("["+node.value+"] ");
81          }
82      }
83  }
84  public    class Order
85  {
86      public static void main(String args[]) throws IOException
87
```

```
88        {
89            int i;
90            int arr[]={7,4,1,5,16,8,11,12,15,9,2};  /* 原始陣列 */
91            BinaryTree tree=new BinaryTree();
92            System.out.print(" 原始陣列內容：\n");
93            for(i=0;i<11;i++)
94            System.out.print("["+arr[i]+"] ");
95            System.out.println();
96            for(i=0;i<arr.length;i++) tree.Add_Node_To_Tree(arr[i]);
97            System.out.print("[ 二元樹的內容 ]\n");
98            System.out.print(" 前序走訪結果：\n");        /* 列印前、中、後序走訪結果 */
99            tree.PreOrder(tree.rootNode);
100           System.out.print("\n");
101           System.out.print(" 中序走訪結果：\n");
102           tree.InOrder(tree.rootNode);
103           System.out.print("\n");
104           System.out.print(" 後序走訪結果：\n");
105           tree.PostOrder(tree.rootNode);
106           System.out.print("\n");
107
108       }
109 }
```

✎ 執行結果

```
D:\Java\ch09>javac Order.java

D:\Java\ch09>java Order
原始陣列內容:
[7] [4] [1] [5] [16] [8] [11] [12] [15] [9] [2]
[二元樹的內容]
前序走訪結果:
[7] [4] [1] [2] [5] [16] [8] [11] [9] [12] [15]
中序走訪結果:
[1] [2] [4] [5] [7] [8] [9] [11] [12] [15] [16]
後序走訪結果:
[2] [1] [5] [4] [9] [15] [12] [11] [8] [16] [7]

D:\Java\ch09>
```

此程式所建立的二元樹結構如下：

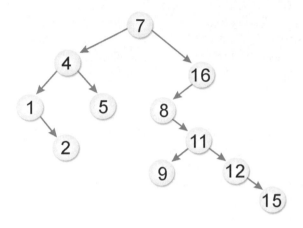

如果一個二元樹符合「每一個節點的資料大於左子節點且小於右子節點」，這棵樹便稱為二分樹。因為二分樹方便用來排序及搜尋，包括二元排序樹或二元搜尋樹都是二分樹的一種。當建立一棵二元排序樹之後，接著也要清楚如何在一排序樹中搜尋一筆資料。事實上，二元搜尋樹或二元排序樹可以說是一體兩面，沒有分別。

二元搜尋樹 T 具有以下特點：

① 可以是空集合，但若不是空集合，則節點上一定要有一個鍵值。

② 每一個樹根的值需大於左子樹的值。

③ 每一個樹根的值需小於右子樹的值。

④ 左右子樹也是二元搜尋樹。

⑤ 樹的每個節點值都不相同。

基本上，只要懂二元樹的排序就可以理解二元樹的搜尋。只需在二元樹中比較樹根及欲搜尋的值，再依左子樹 < 樹根 < 右子樹的原則走訪二元樹，就可找到打算搜尋的值。

接著我們來實作一個二元搜尋樹的搜尋程式，首先建立一個二元搜尋樹，並輸入要尋找的值。如果節點中有相等的值，會顯示出搜尋的次數。如果找不到這個值，也會顯示訊息。

範例 Stree.java

```
01    // 二元搜尋樹
02
03    import java.io.*;
04    class TreeNode
05    {
06        int value;
07        TreeNode left_Node;
08        TreeNode right_Node;
09
10        public TreeNode(int value)
11        {
12            this.value=value;
13            this.left_Node=null;
14            this.right_Node=null;
15        }
16    }
17
18    class BinarySearch
19    {
20        public TreeNode rootNode;
21        public static int count=1;
22        public void Add_Node_To_Tree(int value)
23        {
24            if (rootNode==null)
25            {
```

```
26              rootNode=new TreeNode(value);
27              return;
28          }
29       TreeNode currentNode=rootNode;
30       while(true)
31       {
32           if(value<currentNode.value)
33           {
34               if(currentNode.left_Node==null)
35               {
36                   currentNode.left_Node=new TreeNode(value);
37                   return;
38               }
39               else
40                   currentNode=currentNode.left_Node;
41           }
42           else
43           {
44               if(currentNode.right_Node==null)
45               {
46                   currentNode.right_Node=new TreeNode(value);
47                   return;
48               }
49               else
50                   currentNode=currentNode.right_Node;
51           }
52       }
53      }
54
55      public boolean findTree(TreeNode node, int value)
56      {
57          if (node==null)
58          {
59              return false;
60          }
61          else if (node.value==value)
62              {
63              System.out.print(" 共搜尋 "+count+" 次 \n");
64              return true;
65              }
66              else if (value<node.value)
67              {
68                  count+=1;
69                  return findTree(node.left_Node,value);
70              }
71              else
```

```
72                {
73                    count+=1;
74                    return findTree(node.right_Node,value);
75                }
76        }
77
78  }
79  public  class Stree
80  {
81      public static void main(String args[]) throws IOException
82
83      {
84          int i,value;
85          int arr[]={7,4,1,5,13,8,11,12,15,9,2};
86          System.out.print("原始陣列內容：\n");
87          for(i=0;i<11;i++)
88          System.out.print("["+arr[i]+"] ");
89          System.out.println();
90          BinarySearch tree=new BinarySearch();
91          for(i=0;i<11;i++) tree.Add_Node_To_Tree(arr[i]);
92          System.out.print("請輸入搜尋值： ");
93          BufferedReader keyin=new BufferedReader(new InputStreamReader(System.in));
94          value=Integer.parseInt(keyin.readLine());
95          if(tree.findTree(tree.rootNode,value))
96              System.out.print("您要找的值 ["+value+"] 有找到！!\n");
97          else
98              System.out.print("抱歉，沒有找到 \n");
99      }
100 }
```

執行結果

```
D:\Java\ch09>javac Stree.java

D:\Java\ch09>java Stree
原始陣列內容：
[7] [4] [1] [5] [13] [8] [11] [12] [15] [9] [2]
請輸入搜尋值： 12
共搜尋5次
您要找的值 [12] 有找到!!

D:\Java\ch09>
```

以上程式的二元搜尋樹有如下的結構：

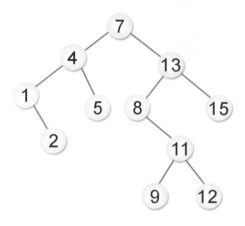

9-5 二元樹節點刪除

插入節點的情況和搜尋類似，重點是插入後仍要保持二元搜尋樹的特性。二元樹節點的刪除則稍微複雜，可分為以下三種狀況：

① 刪除的節點為樹葉：只要將其相連的父節點指向 null 即可。

② 刪除的節點只有一棵子樹，如右圖刪除節點 1，就將其右指標欄放到其父節點的左指標欄。

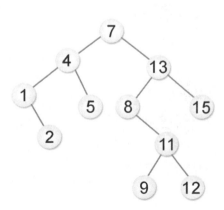

③ 刪除的節點有兩棵子樹，如下圖刪除節點 4，方式有兩種，雖然結果不同，但都可符合二元樹特性：

(1) 找出中序立即前行者（inorder immediate successor），即是將欲刪除節點的左子樹最大者向上提，在此即為節點 2，簡單來說，就是在該節點的左子樹，往右尋找，直到右指標為 null，這個節點就是中序立即前行者。

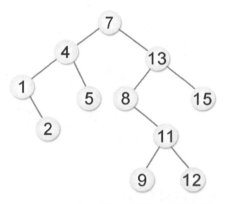

(2) 找出中序立即後繼者（inorder immediate successor），即是將欲刪除節點的右子樹最小者向上提，在此即為節點 5，簡單來說，就是在該節點的右子樹，往左尋找，直到左指標為 null，這個節點就是中序立即後繼者。

接著我們來看一個範例，請將 32、24、57、28、10、43、72、62，依中序方式存入可放 10 個節點（node）之陣列內，試繪圖與說明節點在陣列中相關位置？如果插入資料為 30，試繪圖及寫出其相關動作與位置變化？接著如再刪除的資料為 32，試繪圖及寫出其相關動作與位置變化。

解答

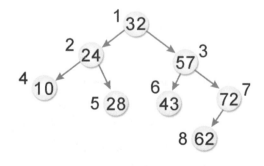

root=1	left	data	right
1	2	32	3
2	4	24	5
3	6	57	7
4	0	10	0
5	0	28	0
6	0	43	0
7	8	72	0
8	0	62	0
9			
10			

插入資料為 30：

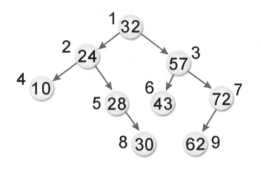

root=1	left	data	right
1	2	32	3
2	4	24	5
3	6	57	7
4	0	10	0
5	0	28	8
6	0	43	0
7	9	72	0
8	0	30	0
9	0	62	0
10			

刪除的資料為 32：

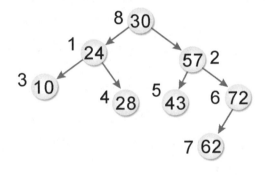

root=8	left	data	right
1	3	24	4
2	5	57	6
3	0	10	0
4	0	28	0
5	0	43	0
6	7	72	0
7	0	62	0
8	1	30	2
9			
10			

9-6 二元運算樹

　　二元樹的應用實際是相當廣泛，例如運算式間的轉換。我們可以把中序運算式依優先權的順序，建成一棵二元運算樹（Binary Expression Test）。之後再依二元樹的特性進行前、中、後序的走訪，即可得到前中後序運算式。建立的方法可根據以下二種規則：

① 考慮算術式中運算子的結合性與優先權，再適當地加上括號，其中樹葉一定是運算元，內部節點一定是運算子。

② 再由最內層的括號逐步向外，利用運算子當樹根，左邊運算元當左子樹，右邊運算元當右子樹，其中優先權最低的運算子做為此二元運算樹的樹根。

現在我們嘗試來練習將 A-B*(-C+-3.5) 運算式，轉為二元運算樹，並求出此算術式的前序（prefix）與後序（postfix）表示法。

→ A-B*(-C+-3.5)
→ (A-(B*((-C)+(-3.5))))
→

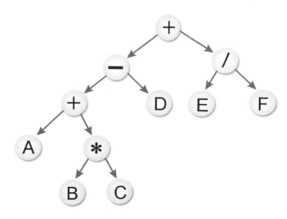

接著將二元運算樹進行前序與後序走訪，即可得此算術式的前序法與後序法，如下所示：

```
前序表示法：-A*B+-C-3.5
後序表示法：ABC-3.5-+*-
```

接著再看一個範例，請問以下二元運算樹的中序、後序與前序的表示法為何？

解答

❶ 中序：A+B*C-D+E/F

❷ 前序：+-+A*BCD/EF

❸ 後序：ABC*+D-E/F+

範例 **Etree.java** ┃ 請設計一 Java 程式，並利用鏈結串列來實作二元運算樹的運作。

```
01    // 以鏈結串列實作二元運算樹
02
03    // 節點類別的宣告
04    class TreeNode {
05        int value;
06        TreeNode left_Node;
07        TreeNode right_Node;
08        // TreeNode 建構子
09        public TreeNode(int value) {
10            this.value=value;
11            this.left_Node=null;
12            this.right_Node=null;
13        }
14    }
15    // 二元搜尋樹類別宣告
16    class Binary_Search_Tree {
17        public TreeNode rootNode; // 二元樹的根節點
18        // 建構子：建立空的二元搜尋樹
19        public Binary_Search_Tree() { rootNode=null; }
20        // 建構子：利用傳入一個陣列的參數來建立二元樹
21        public Binary_Search_Tree(int[] data) {
22            for(int i=0;i<data.length;i++)
23                Add_Node_To_Tree(data[i]);
24        }
25        // 將指定的值加入到二元樹中適當的節點
26        void Add_Node_To_Tree(int value) {
27            TreeNode currentNode=rootNode;
28            if(rootNode==null) { // 建立樹根
29                rootNode=new TreeNode(value);
30                return;
31            }
32            // 建立二元樹
33            while(true) {
34                if (value<currentNode.value) { // 符合這個判斷表示此節點在左子樹
35                    if(currentNode.left_Node==null) {
36                        currentNode.left_Node=new TreeNode(value);
37                        return;
38                    }
```

```
39              else currentNode=currentNode.left_Node;
40            }
41          else {  // 符合這個判斷表示此節點在右子樹
42              if(currentNode.right_Node==null) {
43                  currentNode.right_Node=new TreeNode(value);
44                  return;
45              }
46              else currentNode=currentNode.right_Node;
47          }
48        }
49      }
50 }
51
52 class Expression_Tree extends Binary_Search_Tree{
53    // 建構子
54    public Expression_Tree(char[] information, int index) {
55        // create 方法可以將二元樹的陣列表示法轉換成鏈結表示法
56        rootNode = create(information, index);
57    }
58    // create 方法的程式內容
59    public TreeNode create(char[] sequence,int index) {
60        TreeNode tempNode;
61        if ( index >= sequence.length )    // 作為遞迴呼叫的出口條件
62            return null;
63        else  {
64            tempNode = new TreeNode((int)sequence[index]);
65            // 建立左子樹
66            tempNode.left_Node = create(sequence, 2*index);
67            // 建立右子樹
68            tempNode.right_Node = create(sequence, 2*index+1);
69            return tempNode;
70        }
71    }
72    // preOrder(前序走訪)方法的程式內容
73    public void preOrder(TreeNode node) {
74        if ( node != null ) {
75            System.out.print((char)node.value);
76            preOrder(node.left_Node);
77            preOrder(node.right_Node);
78        }
79    }
80    // inOrder(中序走訪)方法的程式內容
```

```
81      public void inOrder(TreeNode node) {
82          if ( node != null ) {
83              inOrder(node.left_Node);
84              System.out.print((char)node.value);
85              inOrder(node.right_Node);
86          }
87      }
88      // postOrder( 後序走訪 ) 方法的程式內容
89      public void postOrder(TreeNode node) {
90          if ( node != null ) {
91              postOrder(node.left_Node);
92              postOrder(node.right_Node);
93              System.out.print((char)node.value);
94          }
95      }
96      // 判斷運算式如何運算的方法宣告內容
97      public int condition(char oprator, int num1, int num2) {
98          switch ( oprator ) {
99              case '*': return ( num1 * num2 ); // 乘法請回傳 num1 * num2
100             case '/': return ( num1 / num2 ); // 除法請回傳 num1 / num2
101             case '+': return ( num1 + num2 ); // 加法請回傳 num1 + num2
102             case '-': return ( num1 - num2 ); // 減法請回傳 num1 - num2
103             case '%': return ( num1 % num2 ); // 取餘數法請回傳 num1 % num2
104         }
105         return -1;
106     }
107     // 傳入根節點，用來計算此二元運算樹的值
108     public int answer(TreeNode node) {
109         int firstnumber = 0;
110         int secondnumber = 0;
111         // 遞迴呼叫的出口條件
112         if ( node.left_Node == null && node.right_Node == null )
113             // 將節點的值轉換成數值後傳回
114             return Character.getNumericValue((char)node.value);
115         else {
116             firstnumber = answer(node.left_Node);   // 計算左子樹運算式的值
117             secondnumber = answer(node.right_Node); // 計算右子樹運算式的值
118             return condition((char)node.value, firstnumber, secondnumber);
119         }
120     }
121 }
122 public class Etree {
```

```
123    public static void main(String[] args) {
124        // 將二元運算樹以陣列的方式來宣告
125        // 第一筆運算式
126        char[] information1 = { ' ','+','*','%','6','3','9','5' };
127        // 第二筆運算式
128        char[] information2 = { ' ','+','+','+','*','%','/','*',
129                                '1','2','3','2','6','3','2','2' };
130        Expression_Tree exp1 = new Expression_Tree(information1, 1);
131        System.out.println("==== 二元運算樹數值運算範例 1: ====");
132        System.out.println("==============================");
133        System.out.print("=== 轉換成中序運算式 ===:  ");
134        exp1.inOrder(exp1.rootNode);
135        System.out.print("\n=== 轉換成前序運算式 ===:  ");
136        exp1.preOrder(exp1.rootNode);
```

執行結果

```
D:\Java\ch09>javac Etree.java

D:\Java\ch09>java Etree
====二元運算樹數值運算範例 1: ====

====轉換成中序運算式====:   6*3+9%5
====轉換成前序運算式====:   +*63%95
====轉換成後序運算式====:   63*95%+
此二元運算樹,經過計算後所得到的結果值: 22

====二元運算樹數值運算範例 2: ====

====轉換成中序運算式====:   1*2+3%2+6/3+2*2
====轉換成前序運算式====:   ++*12%32+/63*22
====轉換成後序運算式====:   12*32%+63/22*++
此二元運算樹,經過計算後所得到的結果值: 9

D:\Java\ch09>
```

9-7 二元排序樹

二元排序樹是一種很好的排序應用模式，因為在建立二元樹的同時，資料已經經過初步的比較判斷，並依照二元樹的建立規則來存放資料。規則如下：

① 第一個輸入資料當做此二元樹的樹根。

② 之後的資料以遞迴的方式與樹根進行比較，小於樹根置於左子樹，大於樹根置於右子樹。

從上面的規則我們可以知道，左子樹內的值一定小於樹根，而右子樹的值一定大於樹根。因此只要利用「中序走訪」方式，就可以得到由小到大排序好的資料，如果是想求由大到小排列，可將最後結果置於堆疊內再 POP 出來。

現在我們示範將一組資料 32、25、16、35、27，建立一棵二元排序樹：

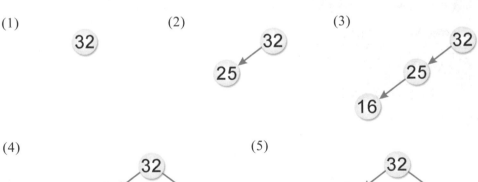

　　建立完成後，經由中序走訪後，可得 16、25、27、32、35 由小到大的排列。因為在輸入資料的同時就開始建立二元樹，所以在完成資料輸入，並建立二元排序樹後，經由中序走訪，就可以輕鬆完成排序了。請看下面 Java 程式範例。

範例 Itree.java

```
01   // 利用中序走訪進行排序
02
03   import java.io.*;
04   class TreeNode
05   {
06       int value;
07       TreeNode left_Node;
08       TreeNode right_Node;
09
10       public TreeNode(int value)
11       {
12           this.value=value;
13           this.left_Node=null;
14           this.right_Node=null;
15       }
16   }
17
18   class BinaryTree
19   {
20       public TreeNode rootNode;
21
22       public void Add_Node_To_Tree(int value)
23       {
24           if (rootNode==null)
25           {
26               rootNode=new TreeNode(value);
27               return;
28           }
29           TreeNode currentNode=rootNode;
30           while(true)
31           {
32               if(value<currentNode.value)
33               {
34                   if(currentNode.left_Node==null)
35                   {
```

```
36                          currentNode.left_Node=new TreeNode(value);
37                          return;
38                      }
39                  else
40                      currentNode=currentNode.left_Node;
41              }
42          else
43          {
44              if(currentNode.right_Node==null)
45              {
46                  currentNode.right_Node=new TreeNode(value);
47                  return;
48              }
49          else
50              currentNode=currentNode.right_Node;
51          }
52      }
53  }
54  public  void InOrder(TreeNode node)
55  {
56      if (node!=null)
57      {
58          InOrder(node.left_Node);
59          System.out.print("["+node.value+"] ");
60          InOrder(node.right_Node);
61      }
62  }
63
64  public  void PreOrder(TreeNode node)
65  {
66      if (node!=null)
67      {
68          System.out.print("["+node.value+"] ");
69          PreOrder(node.left_Node);
70          PreOrder(node.right_Node);
71      }
72  }
73
74  public  void PostOrder(TreeNode node)
75  {
76      if (node!=null)
77      {
78          PostOrder(node.left_Node);
79          PostOrder(node.right_Node);
```

```
80                  System.out.print("["+node.value+"] ");
81              }
82          }
83  }
84  public    class Itree
85  {
86      public static void main(String args[]) throws IOException
87
88      {
89          int value;
90          BinaryTree tree=new BinaryTree();
91          BufferedReader keyin=new BufferedReader(new InputStreamReader(System.in));
92          System.out.print("請輸入資料，結束請輸入 -1： \n");
93          while(true)
94          {
95              value=Integer.parseInt(keyin.readLine());
96              if(value==-1)
97                  break;
98              tree.Add_Node_To_Tree(value);
99          }
100         System.out.print("====================: \n");
101         System.out.print(" 排序完成結果： \n");
102         tree.InOrder(tree.rootNode);
103         System.out.print("\n");
104     }
105 }
```

執行結果

```
D:\Java\ch09>javac Itree.java

D:\Java\ch09>java Itree
請輸入資料，結束請輸入-1：
56
7
43
87
26
98
-1
====================:
排序完成結果:
[7] [26] [43] [56] [87] [98]

D:\Java\ch09>
```

9-8 引線二元樹

雖然我們把樹化為二元樹可減少空間的浪費由 2/3 降低到 1/2，但是如果各位讀者仔細觀察之前我們使用鏈結串列建立的 n 節點二元樹，實際上用來指向左右兩節點的指標只有 n-1 個鏈結，另外的 n+1 個指標都是空鏈結。

所謂「引線二元樹」（Threaded Binary Tree）就是把這些空的鏈結加以利用，再指到樹的其他節點，而這些鏈結就稱為「引線」（thread），而這棵樹就稱為引線二元樹（Threaded Binary Tree）。至於將二元樹轉換為引線二元樹的步驟如下：

① 先將二元樹經由中序走訪方式依序排出，並將所有空鏈結改成引線。

② 如果引線鏈結是指向該節點的左鏈結，則將該引線指到中序走訪順序下前一個節點。

③ 如果引線鏈結是指向該節點的右鏈結，則將該引線指到中序走訪順序下的後一個節點。

④ 指向一個空節點，並將此空節點的右鏈結指向自己，而空節點的左子樹是此引線二元樹。

引線二元樹的基本結構如下：

LBIT	LCHILD	DATA	RCHILD	RBIT

① **LBIT**：左控制位元

② **LCHILD**：左子樹鏈結

③ **DATA**：節點資料

④ **RCHILD**：右子樹鏈結

⑤ **RBIT**：右控制位元

　　和鏈結串列所建立的二元樹不同是在於，為了區別正常指標或引線而加入的兩個欄位：LBIT 及 RBIT。

① 如果 **LCHILD** 為正常指標，則 **LBIT=1**

② 如果 **LCHILD** 為引線，則 **LBIT=0**

③ 如果 **RCHILD** 為正常指標，則 **RBIT=1**

④ 如果 **RCHILD** 為引線，則 **RBIT=0**

　　至於節點的宣告方式如下：

```
class ThreadedNode
{
    int data,lbit,rbit;
    ThreadedNOde lchild;
    ThreadedNode rchild;
    // 建構子
    public ThreadedNode(int data,int lbit,int rbit)
    {
        初始化程式碼
    }
}
```

接著練習如何將下圖二元樹轉為引線二元樹：

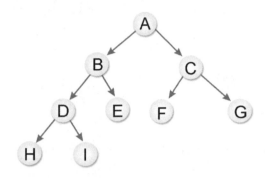

STEP 1 以中序追蹤二元樹：HDIBEAFCG

STEP 2 找出相對應的引線二元樹，並按照 HDIBEAFCG 順序求得下圖：

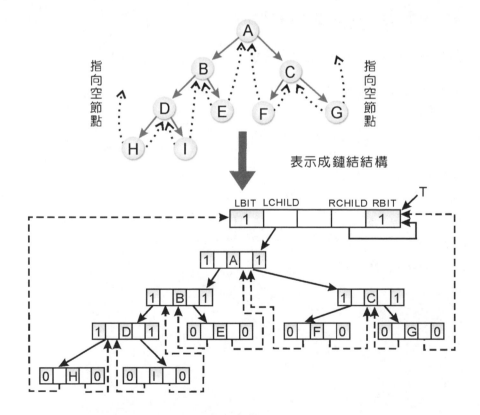

以下整理出使用引線二元樹的優缺點：

【優點】

① 在二元樹做中序走訪時，不需要使用堆疊處理，但一般二元樹卻需要。

② 由於充份使用空鏈結，所以避免了鏈結閒置浪費的情形。另外中序走訪時的速度也較快，節省不少時間。

③ 任一個節點都容易找出它的中序後繼者與中序前行者，在中序走訪時可以不需使用堆疊或遞迴。

【缺點】

① 在加入或刪除節點時的速度較一般二元樹慢。

② 引線子樹間不能共享。

範例　Ttree.java ▌ 請設計一 Java 程式，利用引線二元樹來追蹤某一節點 X 的中序前行者與中序後繼者。

```
01  // 引線二元樹的建立與中序走訪
02
03  import java.io.*;
04  // 引線二元樹中的節點宣告
05  class ThreadNode {
06      int value;
07      int left_Thread;
08      int right_Thread;
09      ThreadNode left_Node;
10      ThreadNode right_Node;
11      // TreeNode 建構子
12      public ThreadNode(int value) {
13          this.value=value;
14          this.left_Thread=0;
15          this.right_Thread=0;
16          this.left_Node=null;
```

```
17              this.right_Node=null;
18          }
19  }
20  // 引線二元樹的類別宣告
21  class Threaded_Binary_Tree{
22      public ThreadNode rootNode; // 引線二元樹的根節點
23
24      // 無傳入參數的建構子
25      public Threaded_Binary_Tree() {
26          rootNode=null;
27      }
28
29      // 建構子：建立引線二元樹，傳入參數為一陣列
30      // 陣列中的第一筆資料是用來建立引線二元樹的樹根節點
31      public Threaded_Binary_Tree(int data[]) {
32          for(int i=0;i<data.length;i++)
33              Add_Node_To_Tree(data[i]);
34      }
35      // 將指定的值加入到二元引線樹
36      void Add_Node_To_Tree(int value) {
37          ThreadNode newnode=new ThreadNode(value);
38          ThreadNode current;
39          ThreadNode parent;
40          ThreadNode previous=new ThreadNode(value);
41          int pos;
42          // 設定引線二元樹的開頭節點
43          if(rootNode==null) {
44              rootNode=newnode;
45              rootNode.left_Node=rootNode;
46              rootNode.right_Node=null;
47              rootNode.left_Thread=0;
48              rootNode.right_Thread=1;
49              return;
50          }
51          // 設定開頭節點所指的節點
52          current=rootNode.right_Node;
53          if(current==null){
54              rootNode.right_Node=newnode;
55              newnode.left_Node=rootNode;
56              newnode.right_Node=rootNode;
57              return ;
58          }
```

```
59          parent=rootNode; // 父節點是開頭節點
60          pos=0; // 設定二元樹中的行進方向
61          while(current!=null) {
62              if(current.value>value) {
63                  if(pos!=-1) {
64                      pos=-1;
65                      previous=parent;
66                  }
67                  parent=current;
68                  if(current.left_Thread==1)
69                      current=current.left_Node;
70                  else
71                      current=null;
72              }
73              else {
74                  if(pos!=1) {
75                      pos=1;
76                      previous=parent;
77                  }
78                  parent=current;
79                  if(current.right_Thread==1)
80                      current=current.right_Node;
81                  else
82                      current=null;
83              }
84          }
85          if(parent.value>value) {
86              parent.left_Thread=1;
87              parent.left_Node=newnode;
88              newnode.left_Node=previous;
89              newnode.right_Node=parent;
90          }
91          else {
92              parent.right_Thread=1;
93              parent.right_Node=newnode;
94              newnode.left_Node=parent;
95              newnode.right_Node=previous;
96          }
97          return ;
98      }
99      // 引線二元樹中序走訪
100     void print() {
```

```
101        ThreadNode tempNode;
102        tempNode=rootNode;
103        do {
104            if(tempNode.right_Thread==0)
105                tempNode=tempNode.right_Node;
106            else
107            {
108                tempNode=tempNode.right_Node;
109                while(tempNode.left_Thread!=0)
110                    tempNode=tempNode.left_Node;
111            }
112            if(tempNode!=rootNode)
113                System.out.println("["+tempNode.value+"]");
114        } while(tempNode!=rootNode);
115    }
116 }
117
118 public class Ttree {
119     public static void main(String[] args) throws IOException {
120         System.out.println(" 引線二元樹經建立後，以中序追蹤能有排序的效果 ");
121         System.out.println(" 除了第一個數字作為引線二元樹的開頭節點外 ");
122         int[] data1={0,10,20,30,100,399,453,43,237,373,655};
123         Threaded_Binary_Tree tree1=new Threaded_Binary_Tree(data1);
124         System.out.println("==================================");
125         System.out.println(" 範例 1 ");
126         System.out.println(" 數字由小到大的排序順序結果為： ");
127         tree1.print();
128         int[] data2={0,101,118,87,12,765,65};
129         Threaded_Binary_Tree tree2=new Threaded_Binary_Tree(data2);
130         System.out.println("==================================");
131         System.out.println(" 範例 2 ");
132         System.out.println(" 數字由小到大的排序順序結果為： ");
133         tree2.print();
134        }
135 }
```

執行結果

```
D:\Java\ch09>javac Itree.java

D:\Java\ch09>java Itree
請輸入資料,結束請輸入-1:
56
7
43
87
26
98
-1
============================:
排序完成結果:
[7] [26] [43] [56] [87] [98]

D:\Java\ch09>javac Ttree.java

D:\Java\ch09>java Ttree
引線二元樹經建立後,以中序追蹤能有排序的效果
除了第一個數字作為引線二元樹的開頭節點外
======================================
範例 1
數字由小到大的排序順序結果為:
[10]
[20]
[30]
[43]
[100]
[237]
[373]
[399]
[453]
[655]
======================================
範例 2
數字由小到大的排序順序結果為:
[12]
[65]
[87]
[101]
[118]
[765]

D:\Java\ch09>
```

9-9 延伸二元樹入門

　　至於什麼叫做最小搜尋成本呢？就讓我們先從延伸二元樹（Extension Binary Tree）談起。任何一個二元樹中，若具有 n 個節點，則有 n-1 個非空鏈結及 n+1 個空鏈結。如果在每一個空鏈結加上一個特定節點，則稱為外節點，其餘的節點稱為內節點，且定義此種樹為「延伸二元樹」，另外定義外徑長＝所有外節點到樹根距離的總和，內徑長＝所有內節點到樹根距離的總和。我們將以下例來說明 (a)(b) 兩圖，它們的延伸二元樹繪製：

(a)

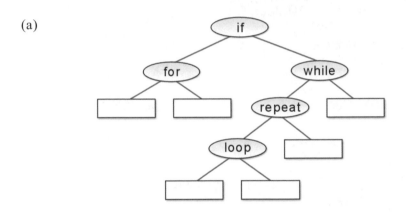

外徑長：(2+2+4+4+3+2)=17

內徑長：(1+1+2+3)=7

(b)

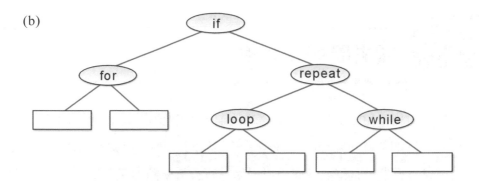

外徑長：(2+2+3+3+3+3)=16

內徑長：(1+1+2+2)=6

　　以上 (a)、(b) 二圖為例，如果每個外部節點有加權值（例如搜尋機率等），則外徑長必須考慮相關加權值，或稱為加權外徑長，以下將討論 (a)、(b) 的加權外徑長：

對 (a) 來說：

$2 \times 3 + 4 \times 3 + 5 \times 2 + 15 \times 1 = 43$

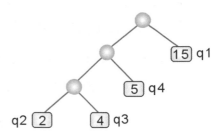

對 (b) 來說：

$2 \times 2 + 4 \times 2 + 5 \times 2 + 15 \times 2 = 52$

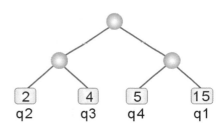

9-10 霍夫曼樹特訓班

霍夫曼樹經常用於處理資料壓縮的問題，可以根據資料出現的頻率來建構的二元樹。例如資料的儲存和傳輸是資料處理的二個重要領域，兩者皆和資料量的大小息息相關，而霍夫曼樹正可用來進行資料壓縮的演算法。

簡單來說，如果有 n 個權值 $(q_1, q_2...q_n)$，且構成一個有 n 個節點的二元樹，每個節點外部節點權值為 q_i，則加權徑長度最小的就稱為「最佳化二元樹」或「霍夫曼樹」（Huffman Tree）。對上一小節中，(a)、(b) 二元樹而言，(a) 就是二者的最佳化二元樹。接下來我們將說明，對一含權值的串列，該如何求其最佳化二元樹，步驟如下：

① 產生兩個節點，對資料中出現過的每一元素各自產生一樹葉節點，並賦予樹葉節點該元素之出現頻率。

② 令 N 為 T1 和 T2 的父親節點，T1 和 T2 是 T 中出現頻率最低的兩個節點，令 N 節點的出現頻率等於 T1 和 T2 的出現頻率總和。

③ 消去步驟的兩個節點，插入 N，再重複步驟 1。

我們將利用以上的步驟來實作求取霍夫曼樹的過程，假設現在有五個字母 BDACE 的頻率分別為 0.09、0.12、0.19、0.21 和 0.39，請說明霍夫曼樹建構之過程：

❶ 取出最小的 0.09 和 0.12，合併成另一棵新的二元樹，其根節點的頻率為 0.21：

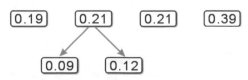

❷　再取出 0.19 和 0.21 合併後，得到 0.40 的新二元樹：

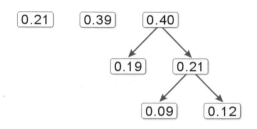

❸　再取出 0.21 和 0.39 的節點，產生頻率為 0.6 的新節點：

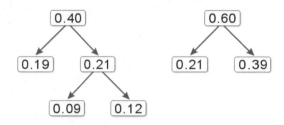

　　最後取出 0.40 和 0.60 的節點，合併成頻率為 1.0 的節點，至此二元樹即完成。

9-11　平衡樹

　　由於二元搜尋樹的缺點是無法永遠保持在最佳狀態。當加入之資料部分已排序的情況下，極有可能產生歪斜樹，因而使樹的高度增加，導致搜尋效率降低。所以二元搜尋樹較不利於資料的經常變動（加入或刪除）。為了能夠儘量降低搜尋所需要的時間，讓我們在搜尋的時候能夠很快找到所要的鍵值，我們必須讓樹的高度越小越好。

所謂平衡樹（Balanced Binary Tree）又稱之為 AVL 樹（是由 Adelson-Velskii 和 Landis 兩人所發明的），本身也是一棵二元搜尋樹，在 AVL 樹中，每次在插入資料和刪除資料後，必要的時候會對二元樹作一些高度的調整動作，而這些調整動作就是要讓二元搜尋樹的高度隨時維持平衡。T 是一個非空的二元樹，T_l 及 T_r 分別是它的左右子樹，若符合下列兩條件，則稱 T 是個高度平衡樹：

① T_l 及 T_r 也是高度平衡樹。

② $|h_l-h_r| \leqq 1$，h_l 及 h_r 分別為 T_l 與 T_r 的高度，也就是所有內部節點的左右子樹高度相差必定小於或等於 1。

如下圖所示：

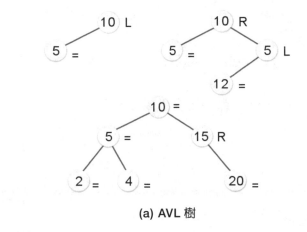

(a) AVL 樹

(b) 非 AVL 樹

　　至於如何調整二元搜尋樹成為平衡樹，最重要是找出「不平衡點」，再依照以下四種不同旋轉型式，重新調整其左右子樹的長度。首先，令新插入的節點為 N，且其最近的一個具有 ±2 的平衡因子節點為 A，下一層為 B，再下一層 C，分述如下：

📢 **LL 型**

📢 **LR 型**

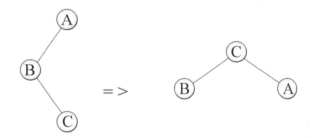

📢 **RR 型**

RL 型

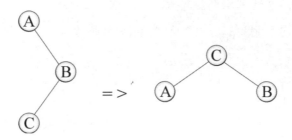

現在我們來實作一個範例，下圖的二元樹原是平衡的，加入節點 12 後變為不平衡，請重新調整成平衡樹，但不可破壞原有的次序結構：

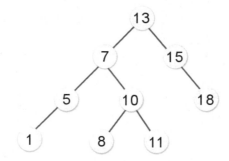

調整結果如下：

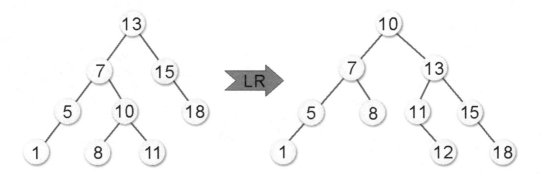

9-12　機器學習與決策樹演算法

　　近幾年人工智慧的應用領域愈來愈廣泛，人工智慧（Artificial Intelligence, AI）的概念最早是由美國科學家 John McCarthy 於 1955 年提出，目標為使電腦具有類似人類學習解決複雜問題與展現思考等能力，舉凡模擬人類的聽、說、讀、寫、看、動作等的電腦技術，都被歸類為人工智慧的可能範圍。

【人工智慧為現代產業帶來全新的革命】

9-12-1　機器學習簡介

　　我們知道 AI 最大的優勢在於「化繁為簡」，將複雜的大數據加以解析，AI 改變產業的能力已經是相當清楚，而且可以應用的範圍相當廣泛。機器學習（Machine Learning, ML）是大數據與 AI 發展相當重要的一環，通過演算法給予電腦大量的「訓練資料（Training Data）」，可以發掘多資料元變動因素之間的關聯性，進而自動學習並且做出預測，意即機器模仿人的行為，特性很適合將大量資料輸入後，讓電腦自行嘗試演算法找出其中的規律性，對機器學習的模型來說，用戶越頻繁使用，資料的量越大越有幫助，機器就可以學習的愈快，進而達到預測效果不斷提升的過程。機器學習的應用範圍相當廣泛，從健康監控、自動駕駛、自動控制、自然語言、醫療成像診斷工具、電腦視覺、工廠控制系統、機器人到網路行銷領域。

隨著行動行銷而來的是各式各樣的大數據資料，這些資料不僅精確，更是相當多元，如此龐雜與多維的資料，最適合利用機器學習解決這類問題，例如各位應該都有在 YouTube 觀看影片的經驗，YouTube 致力於提供使用者個人化的服務體驗，導入了 TensorFlow 機器學習技術，過濾出觀賞者可能感興趣的影片，並顯示在「推薦影片」中，全球 YouTube 超過 7 成用戶會觀看來自自動推薦影片，當觀看的影片數量越多，不論是喜歡以及不喜歡的影音都是機器學習訓練資料，便會根據記錄這些使用者觀看經驗，列出更符合觀看者喜好的影片。

【YouTube 透過 TensorFlow
技術過濾出受眾感興趣的影片】

科技新知，不可不知

TensorFlow 是 Google 於 2015 年由 Google Brain 團隊所發展的開放原始碼機器學習函式庫，可以讓許多矩陣運算達到最好的效能，並且支持不少針對行動端訓練和優化好的模型，無論是 Android 和 iOS 平台的開發者都可以使用，例如 Gmail、Google 相簿、Google 翻譯等都有 TensorFlow 的影子。

9-12-2 決策樹演算法

我們也常把決策樹（Decision Tree）稱為「遊戲樹」，這是因為遊戲中的 AI 經常以決策樹資料結構來實作的緣故。對資料結構而言，決策樹本身是人工智慧（AI）中一個重要理念，在機器學習的領域經常會用決策樹來搜尋給定問題的解決策略，或者資訊管理系統（MIS）中，也是決策支援系統（Decision Support System, DSS）的執行基礎。

在機器學習中，決策樹是一個預測模型，簡單來說，決策樹是一種利用樹狀結構的方法，來討論一個問題的各種情況分佈的可能性。例如最典型的「8枚金幣」問題來闡釋決策樹的觀念，內容是假設有 8 枚金幣 a、b、c、d、e、f、g、h 且其中有一枚是偽造的，偽造金幣的特徵為重量稍輕或偏重。請如何使用決策樹方法，找出這枚偽造的金幣；如果是以 L 表示輕於真品，H 表示重於真品。第一次比較從 8 枚中任挑 6 枚 a、b、c、d、e、f 分 2 組來比較重量，則會有下列三種情形產生：

```
(a+b+c) > (d+e+f)
(a+b+c) = (d+e+f)
(a+b+c) < (d+e+f)
```

我們可以依照以上的步驟，畫出以下決策樹的圖形：

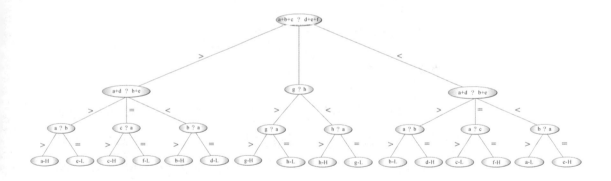

不過如果今天您要設計的遊戲是屬於「棋類」或是「紙牌類」的話，所採用的技巧在於實現遊戲作決策的能力，簡單的說，該下哪一步棋或者該出哪一張牌，因為通常可能的狀況有很多，例如象棋遊戲的人工智慧就必須在所有可能的情況中選擇一步對自己最有利的棋，想想看如果開發此類的遊戲，您會怎麼作？這時決策樹也可派上用場。

通常此類遊戲的 AI 實現技巧為先找出所有可走的棋（或可出的牌），然後逐一判斷如果走這步棋（或出這張牌）的優劣程度如何，或者說是替這步棋打個分數，然後選擇走得分最高的那步棋。

一個最常被用來討論決策型 AI 的簡單例子是「井字遊戲」，因為它的可能狀況不多，也許您只要花個十分鐘便能分析完所有可能的狀況，並且找出最佳的玩法，例如下圖可表示某個狀況下 O 方的可能決策樹：

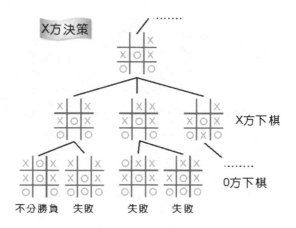

上圖是井字遊戲的某個決策區域，下一步是 X 方下棋，很明顯的 X 方絕對不能選擇第二層的第二個下法，因為 X 方必敗無疑，而您也看出來這個決策形成樹狀結構，所以也稱之為「決策樹」，而樹狀結構正是資料結構所討論的範圍，這也說明了資料結構正是人工智慧的基礎，而決策型人工智慧的基礎則是在所有可能的狀況下，搜尋可能獲勝的方法。

想一想，怎麼做？

1. 一般樹狀結構在電腦記憶體中的儲存方式是以鏈結串列為主，對於 n 元樹（n-way 樹）來說，我們必須取 n 為鏈結個數的最大固定長度，請說明為什麼欲改進記憶空間浪費的缺點，我們最常使用二元樹（Binary Tree）結構來取代樹狀結構。

2. 下列哪一種不是樹（Tree）？ (A) 一個節點 (B) 環狀串列 (C) 一個沒有迴路的連通圖（Connected Graph）(D) 一個邊數比點數少 1 的連通圖。

3. 請問以下二元樹的中序、後序以及前序表示法為何？

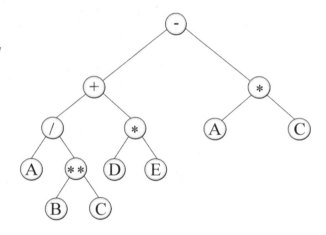

4. 請問以下二元樹的中序、前序以及後序表示法為何？

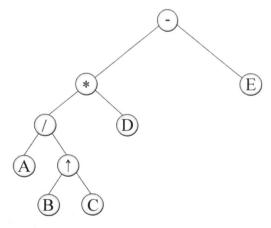

5. 試以鏈結串列描述代表以下樹狀結構的資料結構。

(a)

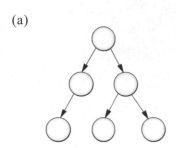

(b)

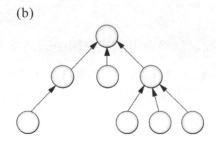

(c)

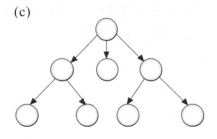

6. 假如有一個非空樹，其分支度為 5，已知分支度為 i 的節點數有 i 個，其中 $1 \leq i \leq 5$，請問終端節點數總數是多少？

7. 請問以下二元樹的中序、前序以及後序表示法為何？

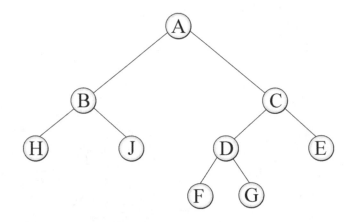

Chapter

10

強力突破
圖形演算法

- 圖形的資料表示法
- 圖形的走訪
- 擴張樹的奧秘
- 圖形最短路徑法

　　圖形除了被活用在演算法領域中最短路徑搜尋、拓樸排序外，還能應用在系統分析中以時間為評核標準的計畫評核術（Performance Evaluation and Review Technique, PERT），或者像一般生活中的「IC 板設計」、「交通網路規劃」等都可以看做是圖形的應用。例如兩點之間的距離，如何計算兩節點之間最短距離的問題，就變成圖形要處理的問題，也就是網路的定義，以 Dijkstra 這種圖形演算法就能快速尋找出兩個節點之間的最短路徑，如果沒有 Dijkstra 演算法，現代網路的運作效率必將大大降低。

【捷運路線的規劃也是圖形的應用】

10-1 圖形的資料表示法

　　知道圖形的各種定義與觀念後，有關圖形的資料表示法就益顯重要了。常用來表達圖形資料結構的方法很多，本節中將介紹四種表示法。

10-1-1 相鄰矩陣法

圖形 A 有 n 個頂點，以 n*n 的二維矩陣表示。此矩陣的定義如下：

　　　對於一個圖形 G=(V,E)，假設有 n 個頂點，n ≧ 1，則可以將 n 個頂點的圖形，利用一個 n*n 二維矩陣來表示，其中假如 A(i,j)=1，則表示圖形中有一條邊 (V_i,V_j) 存在。反之，A(i,j)=0，則沒有一條邊 (V_i,V_j) 存在。

相關特性說明如下：

① 對無向圖形而言，相鄰矩陣一定是對稱的，而且對角線一定為 0。有向圖形則不一定是如此。

② 在無向圖形中，任一節點 i 的分支度為 $\sum_{j=1}^{n} A(i,j)$ ，就是第 i 列所有元素的和。在有向圖中，節點 i 的出分支度為 $\sum_{j=1}^{n} A(i,j)$ ，就是第 i 列所有元素的和，而入分支度為 $\sum_{i=1}^{n} A(i,j)$ ，就是第 j 行所有元素的和。

③ 用相鄰矩陣法表示圖形共需要 n^2 空間，由於無向圖形的相鄰矩陣一定是具有對稱關係，所以扣除對角線全部為零外，僅需儲存上三角形或下三角形的資料即可，因此僅需 n(n-1)/2 空間。

接著就實際來看一個範例，請以相鄰矩陣表示右邊無向圖：

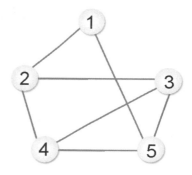

由於上圖共有 5 個頂點，故使用 5*5 的二維陣列存放圖形。在上圖中，先找和①相鄰的頂點有哪些，把和①相鄰的頂點座標填入 1。

跟頂點 1 相鄰的有頂點 2 及頂點 5，所以完成右表：

	1	2	3	4	5
1	0	1	0	0	1
2	1	0			
3	0		0		
4	0			0	
5	1				0

其他頂點依此類推可以得到相鄰矩陣：

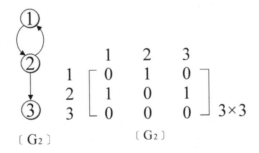

而對於有向圖形，則不一定是對稱矩陣。其中節點 i 的出分支度為 $\sum_{j=1}^{n} A(i,j)$，就是第 i 列所有元素 1 的和，而入分支度為 $\sum_{i=1}^{n} A(i,j)$，就是第 j 行所有元素 1 的和。下列為有向圖形的相鄰矩陣法：

無向 / 有向圖形的 6*6 相鄰矩陣 Java 演算法如下：

```
for (i=0;i<14;i++)              // 讀取圖形資料
   for (j=0;j<6;j++)           // 填入 arr 矩陣
      for (k=0;k<6;k++)
      {
         tmpi=data[i][0];      //tmpi 為起始頂點
         tmpj=data[i][1];      //tmpj 為終止頂點
         arr[tmpi][tmpj]=1;    // 有邊的點填入 1
      }
System.out.print(" 無向圖形矩陣：\n");
```

```
for (i=1;i<6;i++)
{
    for (j=1;j<6;j++)
        System.out.print("["+arr[i][j]+"] ");        // 列印矩陣內容
    System.out.print("\n");
}
```

範例 Matrix.java ▌ 假設有一有向圖形各邊的起點值及終點值如下陣列，試輸出此圖形的相鄰矩陣。

```
int [][] data={{1,2},{2,1},{2,3},{2,4},{4,3}};
```

```
01   // 使用相鄰矩陣來表示有向圖
02
03   import java.io.*;
04   public     class Matrix
05   {
06       public static void main(String args[]) throws IOException
07       {
08           int arr[][]=new int[5][5];    // 宣告矩陣 arr
09           int i,j,tmpi,tmpj;
10           int [][] data={{1,2},{2,1},{2,3},{2,4},{4,3}};
                                            // 圖形各邊的起點值及終點值
11           for (i=0;i<5;i++)              // 把矩陣清為 0
12               for (j=0;j<5;j++)
13                   arr[i][j]=0;
14           for (i=0;i<5;i++)              // 讀取圖形資料
15               for (j=0;j<5;j++)          // 填入 arr 矩陣
16               {
17                   tmpi=data[i][0];       //tmpi 為起始頂點
18                   tmpj=data[i][1];       //tmpj 為終止頂點
19                   arr[tmpi][tmpj]=1;     // 有邊的點填入 1
20               }
21           System.out.print(" 有向圖形矩陣：\n");
22           for (i=1;i<5;i++)
23           {
24               for (j=1;j<5;j++)
25               System.out.print("["+arr[i][j]+"] ");    // 列印矩陣內容
26               System.out.print("\n");
27           }
28       }
29   }
```

```
D:\Java\ch10>java Matrix.java
有向圖形矩陣：
[0] [1] [0] [0]
[1] [0] [1] [1]
[0] [0] [0] [1]
[0] [0] [1] [0]

D:\Java\ch10>
```

10-1-2　相鄰串列法

前面所介紹的相鄰矩陣法，優點是藉著矩陣的運算，可以求取許多特別的應用，如要在圖形中加入新邊時，這個表示法的插入與刪除相當簡易。不過考慮到稀疏矩陣空間浪費的問題，如要計算所有頂點的分支度時，其時間複雜度為 $O(n^2)$。

因此可以考慮更有效的方法，就是相鄰串列法（adjacency list）。這種表示法就是將一個 n 列的相鄰矩陣，表示成 n 個鏈結串列，這種作法和相鄰矩陣相比較節省空間，如計算所有頂點的分支度時，其時間複雜度為 $O(n+e)$，缺點是圖形新邊的加入或刪除會更動到相關的串列鏈結，較為麻煩費時。

首先將圖形的 n 個頂點形成 n 個串列首，每個串列中的節點表示它們和首節點之間有邊相連。

Java 的節點宣告如下：

```
class Node
{
    int x;
    Node next;
    public Node(int x)
```

```
    {
        this.x=x;
        this.next=null;
    }
}
```

在無向圖形中，因為對稱的關係，若有 n 個頂點、m 個邊，則形成 n 個串列首，2m 個節點。若為有向圖形，則有 n 個串列首，以及 m 個頂點，因此相鄰串列中，求所有頂點分支度所需的時間複雜度為 O(n+m)。

現在分別來討論下圖的兩個範例，該如何使用相鄰串列表示：

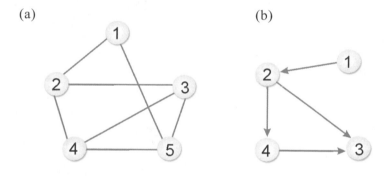

(a)

(b)

首先來看 (a) 圖，因為 5 個頂點使用 5 個串列首，V_1 串列代表頂點 1，與頂點 1 相鄰的頂點有 2 及 5，依此類推。

$V_1 \to 2 \to 5 \to null$
$V_2 \to 1 \to 3 \to 4 \to null$
$V_3 \to 2 \to 4 \to 5 \to null$
$V_4 \to 2 \to 3 \to 5 \to null$
$V_5 \to 1 \to 3 \to 4 \to null$

範例 Adj.java

```
01   // 使用相鄰串列來表示圖形 (a)
02
03   import java.io.*;
04
05   class Node
06   {
07       int x;
08       Node next;
09       public Node(int x)
10       {
11           this.x=x;
12           this.next=null;
13       }
14   }
15   class GraphLink
16   {
17       public Node first;
18       public Node last;
19       public boolean isEmpty()
20       {
21           return first==null;
22       }
23       public void print()
24       {
25           Node current=first;
26           while(current!=null)
27           {
28               System.out.print("["+current.x+"]");
29               current=current.next;
30
31           }
32           System.out.println();
33       }
34       public void insert(int x)
35       {
36           Node newNode=new Node(x);
37           if(this.isEmpty())
38           {
39               first=newNode;
40               last=newNode;
41           }
42           else
43           {
44               last.next=newNode;
```

```
45              last=newNode;
46          }
47      }
48  }
49  public class Adj
50  {
51      public static void main (String args[])throws IOException
52      {
53          int Data[][] =      // 圖形陣列宣告
54
55              { {1,2},{2,1},{1,5},{5,1},{2,3},{3,2},{2,4},
56              {4,2},{3,4},{4,3},{3,5},{5,3},{4,5},{5,4} };
57          int DataNum;
58          int i,j;
59          System.out.println(" 圖形 (a) 的鄰接串列內容：");
60          GraphLink Head[] = new GraphLink[6];
61          for ( i=1 ; i<6 ; i++ )
62          {
63              Head[i]=new GraphLink();
64              System.out.print(" 頂點 "+i+"=>");
65              for( j=0 ; j<14 ;j++)
66              {
67                  if(Data[j][0]==i)
68                  {
69                      DataNum = Data[j][1];
70                      Head[i].insert(DataNum);
71                  }
72              }
73              Head[i].print();
74          }
75      }
76  }
```

執行結果

```
D:\Java\ch10>javac Adj.java

D:\Java\ch10>java Adj
圖形(a)的鄰接串列內容：
頂點1=>[2][5]
頂點2=>[1][3][4]
頂點3=>[2][4][5]
頂點4=>[2][3][5]
頂點5=>[1][3][4]

D:\Java\ch10>
```

接著請看 (b) 圖，因為 4 個頂點使用 4 個串列首，V_1 串列代表頂點 1，與頂點 1 相鄰的頂點有 2，依此類推。

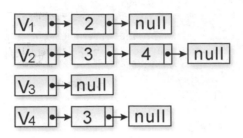

上例為相鄰串列有向圖及無向圖的作法，讀者可以清楚的知道相鄰矩陣及相鄰串列的不同。

以下是有關相鄰矩陣法及相鄰串列法表示圖形的優缺點整理表：

表示法 / 優缺點	優點	缺點
相鄰矩陣法	① 實作簡單 ② 計算分支度相當方便 ③ 要在圖形中加入新邊時，這個表示法的插入與刪除相當簡易	① 如果頂點與頂點間的路徑不多時，易造成稀疏矩陣，而浪費空間 ② 計算所有頂點的分支度時，其時間複雜度為 $O(n^2)$
相鄰串列法	① 和相鄰矩陣相比較節省空間 ② 計算所有頂點的分支度時，其時間複雜度為 $O(n+e)$，較相鄰矩陣法來得快	① 欲求入分支度時，必須先求其反轉串列 ② 圖形新邊的加入或刪除會更動到相關的串列鏈結，較為麻煩費時

10-1-3　相鄰複合串列法

上面介紹了兩個圖形表示法都是從頂點的觀點出發，但如果要處理的是「邊」則必須使用相鄰多元串列，相鄰多元串列是處理無向圖形的另一種方法。相鄰多元串列的節點是存放邊線的資料，其結構如下：

M	V₁	V₂	LINK1	LINK2
記錄單元	邊線起點	邊線終點	起點指標	終點指標

其中相關特性說明如下：

M：是記錄該邊是否被找過的一個位元之欄位。

V₁ 及 V₂：是所記錄邊的起點與終點。

LINK1：在尚有其他頂點與 V_1 相連的情況下，此欄位會指向下一個與 V_1 相連的邊節點，如果已經沒有任何頂點與 V_1 相連時，則指向 null。

LINK2：在尚有其他頂點與 V_2 相連的情況下，此欄位會指向下一個與 V_2 相連的邊節點，如果已經沒有任何頂點與 V_2 相連時，則指向 null。

例如有三條邊線 (1,2)(1,3)(2,4)，則邊線 (1,2) 表示法如下：

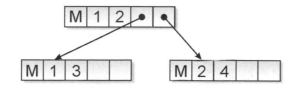

我們現在以相鄰多元串列表示：

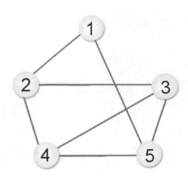

首先分別把頂點及邊的節點找出。

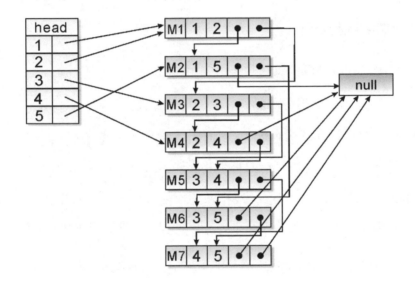

10-1-4 索引表格法

索引表格表示法，是一種用一維陣列來依序
儲存與各頂點相鄰的所有頂點，並建立索引表
格，來記錄各頂點在此一維陣列中第一個與該頂
點相鄰的位置。我們將以下圖來說明索引表格法
的實例。

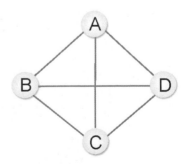

則索引表格法的表示外觀為：

A	1
B	4
C	7
D	10

BCDACDABDABC

10-2 圖形的走訪

　　樹的追蹤目的是欲拜訪樹的每一個節點一次，可用的方法有中序法、前序法和後序法等三種。而圖形追蹤的定義如下：

　　　　一個圖形 G=(V,E)，存在某一頂點 v∈V，我們希望從 v 開始，經由此節點相鄰的節點而去拜訪 G 中其他節點，這稱之為「圖形追蹤」。也就是從某一個頂點 V_1 開始，走訪可以經由 V_1 到達的頂點，接著再走訪下一個頂點直到全部的頂點走訪完畢為止。

　　在走訪的過程中可能會重複經過某些頂點及邊線。經由圖形的走訪可以判斷該圖形是否連通，並找出連通單元及路徑。圖形走訪的方法有兩種：「先深後廣走訪」及「先廣後深走訪」。

10-2-1　先深後廣走訪法

　　先深後廣走訪的方式有點類似前序走訪，是從圖形的某一頂點開始走訪，被拜訪過的頂點就做上已拜訪的記號，接著走訪此頂點的所有相鄰且未拜訪過

的頂點中的任意一個頂點，並做上已拜訪的記號，再以該點為新的起點繼續進
行先深後廣的搜尋。

這種圖形追蹤方法結合了遞迴及堆疊兩種資
料結構的技巧，由於此方法會造成無窮迴路，所
以必須加入一個變數，判斷該點是否已經走訪完
畢。以右圖來看看這個方法的走訪過程：

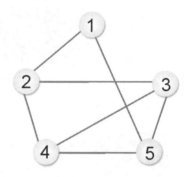

STEP **1** 以頂點 1 為起點，將相鄰的頂點 2
及頂點 5 放入堆疊。

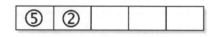

STEP **2** 取出頂點 2，將與頂點 2 相鄰且未
拜訪過的頂點 3 及頂點 4 放入堆疊。

STEP **3** 取出頂點 3，將與頂點 3 相鄰且未
拜訪過的頂點 4 及頂點 5 放入堆疊。

STEP **4** 取出頂點 4，將與頂點 4 相鄰且未
拜訪過的頂點 5 放入堆疊。

STEP **5** 取出頂點 5，將與頂點 5 相鄰且未
拜訪過的頂點放入堆疊，各位可以
發現與頂點 5 相鄰的頂點全部被拜
訪過，所以無需再放入堆疊。

STEP **6** 將堆疊內的值取出並判斷是否已經 走訪過了，直到堆疊內無節點可走 訪為止。

故先深後廣的走訪順序為：頂點 1、頂點 2、頂點 3、頂點 4、頂點 5。

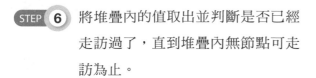

範例 **Deep.java**

```
01  // 先深後廣搜尋法 (DFS)
02
03  class Node
04  {
05      int x;
06      Node next;
07      public Node(int x)
08      {
09          this.x=x;
10          this.next=null;
11      }
12  }
13  class GraphLink
14  {
15      public Node first;
16      public Node last;
17      public boolean isEmpty()
18      {
19          return first==null;
20      }
21      public void print()
22      {
23          Node current=first;
24          while(current!=null)
25          {
26              System.out.print("["+current.x+"]");
27              current=current.next;
28
29          }
30          System.out.println();
```

```
31          }
32      public void insert(int x)
33      {
34          Node newNode=new Node(x);
35          if(this.isEmpty())
36          {
37              first=newNode;
38              last=newNode;
39          }
40          else
41          {
42              last.next=newNode;
43              last=newNode;
44          }
45      }
46  }
47
48  public class Deep
49  {
50      public static int run[]=new int[9];
51      public static GraphLink Head[]=new GraphLink[9];
52      public static void dfs(int current)                 // 深度優先走訪副程式
53      {
54          run[current]=1;
55          System.out.print("["+current+"]");
56
57          while((Head[current].first)!=null)
58          {
59              if(run[Head[current].first.x]==0)  // 如果頂點尚未走訪，就進行 dfs 的
                                                    //                遞迴呼叫
60                  dfs(Head[current].first.x);
61              Head[current].first=Head[current].first.next;
62          }
63      }
64      public static void main (String args[])
65      {
66          int Data[][] =       // 圖形邊線陣列宣告
67
68              { {1,2},{2,1},{1,3},{3,1},{2,4},{4,2},{2,5},{5,2},{3,6},{6,3},
69                {3,7},{7,3},{4,5},{5,4},{6,7},{7,6},{5,8},{8,5},{6,8},{8,6} };
70          int DataNum;
71          int i,j;
```

```
72          System.out.println(" 圖形的鄰接串列內容：");  // 列印圖形的鄰接串列內容
73          for ( i=1 ; i<9 ; i++ )                 // 共有八個頂點
74          {
75              run[i]=0;                // 設定所有頂點成尚未走訪過
76              Head[i]=new GraphLink();
77              System.out.print(" 頂點 "+i+"=>");
78              for( j=0 ; j<20 ;j++)             // 二十條邊線
79              {
80                  if(Data[j][0]==i)        // 如果起點和串列首相等，則把頂點加入串列
81                  {
82                      DataNum = Data[j][1];
83                      Head[i].insert(DataNum);
84                  }
85              }
86              Head[i].print();               // 列印圖形的鄰接串列內容
87          }
88          System.out.println(" 深度優先走訪頂點：");    // 列印深度優先走訪的頂點
89          dfs(1);
90          System.out.println("");
91      }
92  }
```

✎ 執行結果

```
D:\Java\ch10>javac Deep.java

D:\Java\ch10>java Deep
圖形的鄰接串列內容：
頂點1=>[2][3]
頂點2=>[1][4][5]
頂點3=>[1][6][7]
頂點4=>[2][5]
頂點5=>[2][4][8]
頂點6=>[3][7][8]
頂點7=>[3][6]
頂點8=>[5][6]
深度優先走訪頂點：
[1][2][4][5][8][6][3][7]

D:\Java\ch10>
```

10-2-2　先廣後深搜尋法

之前所談到先深後廣是利用堆疊及遞迴的技巧來走訪圖形，而先廣後深
（Breadth-First Search, BFS）走訪方式則是以佇
列及遞迴技巧來走訪，也是從圖形的某一頂點開
始走訪，被拜訪過的頂點就做上已拜訪的記號。
接著走訪此頂點的所有相鄰且未拜訪過的頂點中
的任意一個頂點，並做上已拜訪的記號，再以該
點為新的起點繼續進行先廣後深的搜尋。以右圖
來看看 BFS 的走訪過程：

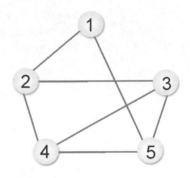

STEP 1　以頂點 1 為起點，將與頂點 1 相
鄰且未拜訪過的頂點 2 及頂點 5
放入佇列。

STEP 2　取出頂點 2，將與頂點 2 相鄰且未
拜訪過的頂點 3 及頂點 4 放入佇列。

STEP 3　取出頂點 5，將與頂點 5 相鄰且未
拜訪過的頂點 3 及頂點 4 放入佇列。

STEP 4　取出頂點 3，將與頂點 3 相鄰且未
拜訪過的頂點 4 放入佇列。

STEP 5　取出頂點 4，將與頂點 4 相鄰且未
拜訪過的頂點放入佇列中，各位可
以發現與頂點 4 相鄰的頂點全部被
拜訪過，所以無需再放入佇列中。

STEP **6** 將佇列內的值取出並判斷是否已經
走訪過了，直到佇列內無節點可走
訪為止。

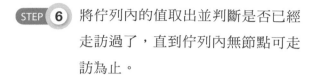

所以，先廣後深的走訪順序為：頂點 1、頂點 2、頂點 5、頂點 3、頂點 4。

先廣後深的程式寫法與先深後廣的寫法類似，需注意的使用技巧不同，先廣後深必須使用佇列的技巧。請各位讀者自行參考佇列的寫法，順便複習一下吧！

範例 Breadth.java

```
01  // 先廣後深搜尋法 (BFS)
02
03  class Node {
04      int x;
05      Node next;
06      public Node(int x) {
07          this.x=x;
08          this.next=null;
09      }
10  }
11  class GraphLink {
12      public Node first;
13      public Node last;
14      public boolean isEmpty() {
15          return first==null;
16      }
17      public void print() {
18          Node current=first;
19          while(current!=null) {
20              System.out.print("["+current.x+"]");
21      current=current.next;
22          }
23          System.out.println();
24      }
25      public void insert(int x) {
26          Node newNode=new Node(x);
27          if(this.isEmpty()) {
```

```
28              first=newNode;
29         last=newNode;
30          }
31          else {
32          last.next=newNode;
33          last=newNode;
34          }
35      }
36 }
37
38 public class Breadth {
39     public static int run[]=new int[9];// 用來記錄各頂點是否走訪過
40     public static GraphLink Head[]=new GraphLink[9];
41     public final static int MAXSIZE=10; // 定義佇列的最大容量
42     static int[] queue= new int[MAXSIZE];// 佇列陣列的宣告
43     static int front=-1; // 指向佇列的前端
44     static int rear=-1; // 指向佇列的後端
45     // 佇列資料的存入
46     public static void enqueue(int value) {
47         if(rear>=MAXSIZE) return;
48         rear++;
49         queue[rear]=value;
50     }
51     // 佇列資料的取出
52     public static int dequeue() {
53         if(front==rear) return -1;
54         front++;
55         return queue[front];
56     }
57     // 廣度優先搜尋法
58     public static void bfs(int current) {
59         Node tempnode; // 臨時的節點指標
60         enqueue(current); // 將第一個頂點存入佇列
61         run[current]=1; // 將走訪過的頂點設定為 1
62         System.out.print("["+current+"]"); // 印出該走訪過的頂點
63         while(front!=rear) { // 判斷目前是否為空佇列
64             current=dequeue(); // 將頂點從佇列中取出
65             tempnode=Head[current].first; // 先記錄目前頂點的位置
66             while(tempnode!=null) {
67                 if(run[tempnode.x]==0) {
68                 enqueue(tempnode.x);
69                 run[tempnode.x]=1; // 記錄已走訪過
70                 System.out.print("["+tempnode.x+"]");
71                 }
72                 tempnode=tempnode.next;
73             }
```

```
 74        }
 75    }
 76
 77    public static void main (String args[]) {
 78        int Data[][] =  // 圖形邊線陣列宣告
 79        { {1,2},{2,1},{1,3},{3,1},{2,4},{4,2},{2,5},{5,2},{3,6},{6,3},
 80        {3,7},{7,3},{4,5},{5,4},{6,7},{7,6},{5,8},{8,5},{6,8},{8,6} };
 81        int DataNum;
 82        int i,j;
 83        System.out.println(" 圖形的鄰接串列內容："); // 列印圖形的鄰接串列內容
 84        for( i=1 ; i<9 ; i++ ) {  // 共有八個頂點
 85            run[i]=0; // 設定所有頂點成尚未走訪過
 86            Head[i]=new GraphLink();
 87            System.out.print(" 頂點 "+i+"=>");
 88            for( j=0 ; j<20 ;j++) {
 89            if(Data[j][0]==i) { // 如果起點和串列首相等，則把頂點加入串列
 90                DataNum = Data[j][1];
 91                Head[i].insert(DataNum);
 92                }
 93            }
 94        Head[i].print();   // 列印圖形的鄰接串列內容
 95        }
 96        System.out.println(" 廣度優先走訪頂點：");    // 列印廣度優先走訪的頂點
 97        bfs(1);
 98        System.out.println("");
 99    }
100 }
```

✎ 執行結果

```
D:\Java\ch10>javac Breadth.java

D:\Java\ch10>java Breadth
圖形的鄰接串列內容：
頂點1=>[2][3]
頂點2=>[1][4][5]
頂點3=>[1][6][7]
頂點4=>[2][5]
頂點5=>[2][4][8]
頂點6=>[3][7][8]
頂點7=>[3][6]
頂點8=>[5][6]
廣度優先走訪頂點：
[1][2][3][4][5][6][7][8]

D:\Java\ch10>
```

10-3 擴張樹的奧秘

擴張樹又稱「花費樹」或「值樹」，一個圖形的擴張樹（Spanning Tree）就是以最少的邊來連結圖形中所有的頂點，且不造成循環（Cycle）的樹狀結構。更清楚的說，當一個圖形連通時，則使用 DFS 或 BFS 必能拜訪圖形中所有的頂點，且 G=(V,E) 的所有邊可分成兩個集合：T 和 B（T 為搜尋時所經過的所有邊，而 B 為其餘未被經過的邊）。if S=(V,T) 為 G 中的擴張樹（Spanning Tree），具有以下三項性質：

① E=T+B

② 加入 B 中的任一邊到 S 中，則會產生循環（Cycle）。

③ V 中的任何 2 頂點 V_i、V_j 在 S 中存在唯一的一條簡單路徑。

例如以下則是圖 G 與它的三棵擴張樹，如下圖所示：

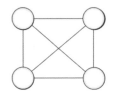 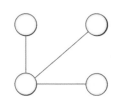 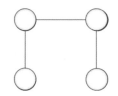 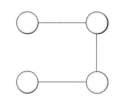

10-3-1　DFS 擴張樹及 BFS 擴張樹

基本上，一棵擴張樹也可以利用先深後廣搜尋法（DFS）與先廣後深搜尋法（BFS）來產生，所得到的擴張樹則稱為縱向擴張樹（DFS 擴張樹）或橫向擴張樹（BFS 擴張樹）。我們立刻來練習求出右圖的 DFS 擴張樹及 BFS 擴張樹：

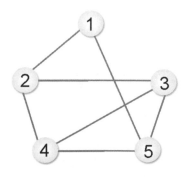

依擴張樹的定義，我們可以得到下列幾棵擴張樹：

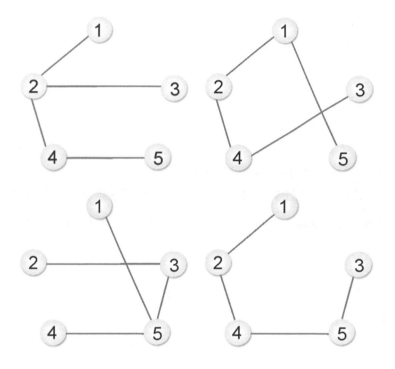

由上圖我們可以得知，一個圖形通常具有不只一棵擴張樹。上圖的先深後廣擴張樹為①②③④⑤，如下圖 (a)，先廣後深擴張樹則為①②⑤③④，如下圖 (b)：

(a)　　　　　　　　　　　　　(b)

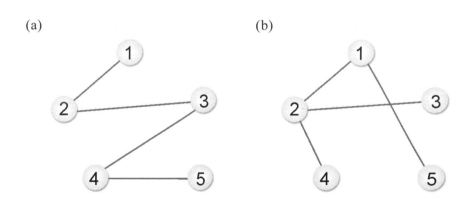

10-3-2　最小花費擴張樹

假設在樹的邊加上一個權重（weight）值，這種圖形就成為「加權圖形（Weighted Graph）」。如果這個權重值代表兩個頂點間的距離（distance）或成本（Cost），這類圖形就稱為網路（Network）。如右圖所示：

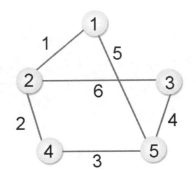

假如想知道從某個點到另一個點間的路徑成本，例如由頂點 1 到頂點 5 有 (1+2+3)、(1+6+4) 及 5 這三個路徑成本，而「最小成本擴張樹（Minimum Cost Spanning Tree）」則是路徑成本為 5 的擴張樹。請看下圖說明：

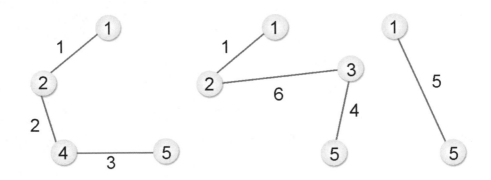

一個加權圖形中如何找到最小成本擴張樹是相當重要的，因為許多工作都是由圖形來表示，例如從高雄到花蓮的距離或花費等。接著將介紹以所謂「貪婪法則」（Greedy Rule）為基礎，來求得一個無向連通圖形的最小花費樹的常見建立方法，分別是 Prim's 演算法及 Kruskal's 演算法。

10-3-3　Prim 演算法

Prim 演算法又稱 P 氏法，對一個加權圖形 G=(V,E)，設 V={1,2,......n}，假設 U={1}，也就是說，U 及 V 是兩個頂點的集合。

然後從 U－V 差集所產生的集合中找出一個頂點 x，該頂點 x 能與 U 集合中的某點形成最小成本的邊，且不會造成迴圈。然後將頂點 x 加入 U 集合中，反覆執行同樣的步驟，一直到 U 集合等於 V 集合（即 U=V）為止。

接下來，我們將實際利用 P 氏法求出下圖的最小擴張樹。

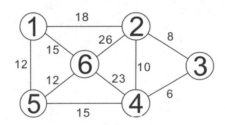

從此圖形中可得 V={1,2,3,4,5,6}，U=1

從 V－U={2,3,4,5,6} 中找一頂點與 U 頂點能形成最小成本邊，得

V－U={2,3,4,6}，U={1,5}

從 V－U 中頂點找出與 U 頂點能形成最小成本的邊，得

且 U={1,5,6}，V－U={2,3,4}

同理，找到頂點 4

U={1,5,6,4}，V－U={2,3}

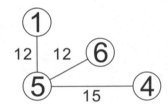

同理，找到頂點 3

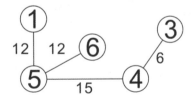

同理，找到頂點 2

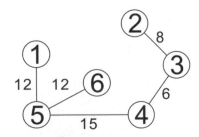

我們再來看一個用 P 氏法求出下圖的最小成本擴張樹的圖例：

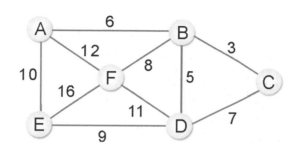

STEP **1** V=ABCDEF，U=A，從 V－U 中找一個與 U 路徑最短的頂點。

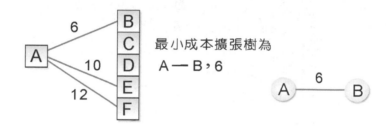

最小成本擴張樹為
A─B，6

STEP **2** 把 B 加入 U，在 V－U 中找一個與 U 路徑最短的頂點。

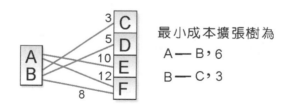

最小成本擴張樹為
A─B，6
B─C，3

STEP **3** 把 C 加入 U，在 V－U 中找一個與 U 路徑最短的頂點。

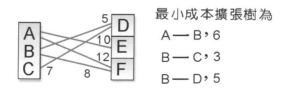

最小成本擴張樹為
A─B，6
B─C，3
B─D，5

STEP **4** 把 D 加入 U，在 V－U 中找一個與 U 路徑最短的頂點。

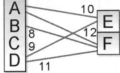

最小成本擴張樹為

A—B，6

B—C，3

B—D，5

B—F，8

STEP **5** 把 F 加入 U，在 V－U 中找一個與 U 路徑最短的頂點。

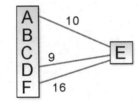

最小成本擴張樹為

A—B，6

B—C，3

B—D，5

B—F，8

D—E，9

STEP **6** 最後可得到最小成本擴張樹為：

{A－B，6}{B－C，3}{B－D，5}{B－F，8}{D－E，9}

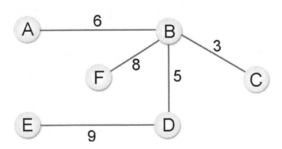

10-3-4 Kruskal 演算法

Kruskal 演算法是將各邊線依權值大小由小到大排列,接著從權值最低的邊線開始架構最小成本擴張樹,如果加入的邊線會造成迴路則捨棄不用,直到加入了 n-1 個邊線為止。

這方法看起來似乎不難,我們直接來看如何以 K 氏法得到範例下圖中最小成本擴張樹:

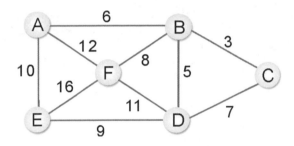

STEP **1** 把所有邊線的成本列出,並由小到大排序:

起始頂點	終止頂點	成本
B	C	3
B	D	5
A	B	6
C	D	7
B	F	8
D	E	9
A	E	10
D	F	11
A	F	12
E	F	16

STEP **2** 選擇成本最低的一條邊線作為架構最小成本擴張樹的起點。

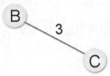

STEP **3** 依 STEP 1 所建立的表格，依序加入邊線。

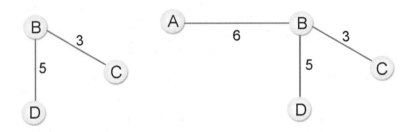

STEP **4** C－D 加入會形成迴路，所以直接跳過。

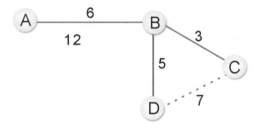

完成圖

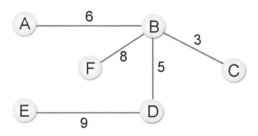

這個範例的程式我們可以用最簡單的陣列結構來表示，先以一個二維陣列儲存並排序 K 氏法的成本表，接著依序把成本表加入另一個二維陣列，並判斷是否會造成迴路。

範例 Span.java

```
01   // 最小成本擴張樹
02
03   public class Span
04   {
05       public static int VERTS=6;
06       public static int v[]=new int[VERTS+1];
07       public static Node NewList = new Node();
08       public static int findmincost()
09       {
10           int minval=100;
11           int retptr=0;
12           int a=0;
13           while(NewList.Next[a]!=-1)
14           {
15               if(NewList.val[a]<minval && NewList.find[a]==0)
16               {
17                   minval=NewList.val[a];
18                   retptr=a;
19               }
20               a++;
21           }
22           NewList.find[retptr]=1;
23           return retptr;
24       }
25       public static void mintree()
26       {
27           int i,result=0;
28           int mceptr;
29           int a=0;
30           for(i=0;i<=VERTS;i++)
31               v[i]=0;
32           while(NewList.Next[a]!=-1)
33           {
```

```
34              mceptr=findmincost();
35              v[NewList.from[mceptr]]++;
36              v[NewList.to[mceptr]]++;
37              if(v[NewList.from[mceptr]]>1 && v[NewList.to[mceptr]]>1)
38              {
39                  v[NewList.from[mceptr]]--;
40                  v[NewList.to[mceptr]]--;
41                  result=1;
42              }
43              else
44                  result=0;
45              if(result==0)
46              {
47                  System.out.print(" 起始頂點 ["+NewList.from[mceptr]+"]
                                        終止頂點 [");
48                  System.out.print(NewList.to[mceptr]+"]   路徑長度 ["+NewList
                                        .val[mceptr]+"]");
49                  System.out.println("");
50              }
51              a++;
52          }
53      }
54  public static void main (String args[])
55  {
56      int Data[][] =              /* 圖形陣列宣告 */
57
58          { {1,2,6},{1,6,12},{1,5,10},{2,3,3},{2,4,5},
59            {2,6,8},{3,4,7},{4,6,11},{4,5,9},{5,6,16} };
60      int DataNum;
61      int fromNum;
62      int toNum;
63      int findNum;
64      int Header = 0;
65      int FreeNode;
66      int i,j;
67      System.out.println(" 建立圖形串列：");
68      /* 列印圖形的鄰接串列內容 */
69      for ( i=0 ; i<10 ; i++ )
70      {
71          for( j=1 ; j<=VERTS ;j++)
72          {
73              if(Data[i][0]==j)
```

```
74                  {
75                      fromNum = Data[i][0];
76                      toNum = Data[i][1];
77                      DataNum = Data[i][2];
78                      findNum=0;
79                      FreeNode = NewList.FindFree();
80                      NewList.Create(Header,FreeNode,DataNum,fromNum,toNum,findNum);
81                  }
82              }
83          }
84          NewList.PrintList(Header);
85          System.out.println(" 建立最小成本擴張樹 ");
86          mintree();
87      }
88  }
89
90  class Node
91  {
92      int MaxLength = 20;                 // 定義鏈結串列最大長度
93      int from[] = new int[MaxLength];
94      int to[] = new int[MaxLength];
95      int find[] = new int[MaxLength];
96      int val[] = new int[MaxLength];
97      int Next[] = new int[MaxLength];   // 鏈結串列的下一個節點位置
98
99      public Node ()                      // Node 建構子
100     {
101         for ( int i = 0 ; i < MaxLength ; i++ )
102             Next[i] = -2;               // -2 表示未用節點
103     }
104
105 // --------------------------------------------------
106 // 搜尋可用節點位置
107 // --------------------------------------------------
108     public int FindFree()
109     {
110         int i;
111
112         for ( i=0 ; i< MaxLength ; i++ )
113             if ( Next[i] == -2 )
114                 break;
115         return i;
```

```
116     }
117
118 // --------------------------------------------------
119 // 建立鏈結串列
120 // --------------------------------------------------
121     public void Create(int Header,int FreeNode,int DataNum,int
            fromNum,int toNum,int findNum)
122     {
123         int Pointer;                    // 現在的節點位置
124
125         if ( Header == FreeNode )       // 新的鏈結串列
126         {
127             val[Header] = DataNum;      // 設定資料編號
128             from[Header]=fromNum;
129             find[Header]=findNum;
130             to[Header]=toNum;
131             Next[Header] = -1;          // 將下個節點的位置，-1 表示空節點
132         }
133         else
134         {
135             Pointer = Header;           // 現在的節點為首節點
136             val[FreeNode] = DataNum;    // 設定資料編號
137             from[FreeNode]=fromNum;
138             find[FreeNode]=findNum;
139             to[FreeNode]=toNum;
140                         // 設定資料名稱
141             Next[FreeNode] = -1;    // 將下個節點的位置，-1 表示空節點
142                         // 找尋鏈結串列尾端
143             while ( Next[Pointer] != -1)
144                 Pointer = Next[Pointer];
145
146                         // 將新節點串連在原串列尾端
147             Next[Pointer] = FreeNode;
148         }
149     }
150
151 // --------------------------------------------------
152 // 印出鏈結串列資料
153 // --------------------------------------------------
154     public void PrintList(int Header)
155     {
156         int Pointer;
```

```
157        Pointer = Header;
158        while ( Pointer != -1 )
159        {
160            System.out.print(" 起始頂點 ["+from[Pointer]+"]   終止頂點 [");
161            System.out.print(to[Pointer]+"]   路徑長度 ["+val[Pointer]+"]");
162            System.out.println("");
163            Pointer = Next[Pointer];
164        }
165     }
166 }
```

執行結果

```
D:\Java\ch10>javac Span.java

D:\Java\ch10>java Span
建立圖形串列:
起始頂點[1]    終止頂點[2]    路徑長度[6]
起始頂點[1]    終止頂點[6]    路徑長度[12]
起始頂點[1]    終止頂點[5]    路徑長度[10]
起始頂點[2]    終止頂點[3]    路徑長度[3]
起始頂點[2]    終止頂點[4]    路徑長度[5]
起始頂點[2]    終止頂點[6]    路徑長度[8]
起始頂點[3]    終止頂點[4]    路徑長度[7]
起始頂點[4]    終止頂點[6]    路徑長度[11]
起始頂點[4]    終止頂點[5]    路徑長度[9]
起始頂點[5]    終止頂點[6]    路徑長度[16]
建立最小成本擴張樹
起始頂點[2]    終止頂點[3]    路徑長度[3]
起始頂點[2]    終止頂點[4]    路徑長度[5]
起始頂點[1]    終止頂點[2]    路徑長度[6]
起始頂點[2]    終止頂點[6]    路徑長度[8]
起始頂點[4]    終止頂點[5]    路徑長度[9]

D:\Java\ch10>
```

10-4 圖形最短路徑法

在一個有向圖形 G=(V,E)，G 中每一個邊都有一個比例常數 W（Weight）與之對應，如果想求 G 圖形中某一個頂點 V_0 到其他頂點的最少 W 總和之值，這類問題就稱為最短路徑問題（The Shortest Path Problem）。由於交通運輸工具的便利與普及，所以兩地之間有發生運送或者資訊的傳遞下，最短路徑（Shortest Path）的問題隨時都可能因應需求而產生，簡單來說，就是找出兩個端點間可通行的捷徑。

【許多大眾運輸系統都必須運用到最短路徑的理論】

我們在上節中所說明的花費最少擴張樹（MST），是計算連繫網路中每一個頂點所需的最少花費，但連繫樹中任兩頂點的路徑倒不一定是一條花費最少的路徑，這也是本節將研究最短路徑問題的主要理由。以下是在討論最短路徑常見的演算法。

10-4-1 Dijkstra 演算法與 A* 演算法

一個頂點到多個頂點通常使用 Dijkstra 演算法求得，Dijkstra 的演算法如下：

假設 S={V_i|$V_i \in V$}，且頂點 V_i 在已發現的最短路徑上，其中 $V_0 \in S$ 是起點。假設 $w \notin S$，則定義 DIST(w) 是從 V_0 到 w 的最短路徑，這條路徑除了 w 外必屬於 S。且有下列幾點特性：

① 如果 u 是目前所找到最短路徑之下一個節點，則 u 必屬於 V−S 集合中最小花費成本的邊。

② 若 u 被選中，將 u 加入 S 集合中，則會產生目前由 V_0 到 u 的最短路徑，對於 w ∉ S，DIST(w) 被改變成 DIST(w) ← Min{DIST(w),DIST(u)+COST(u,w)}

從上述的演算法我們可以推演出如下的步驟：

STEP 1

G=(V,E)

D[k]=A[F,k] 其中 k 從 1 到 N

S={F}

V={1,2,……N}

D 為一個 N 維陣列用來存放某一頂點到其他頂點最短距離

F 表示起始頂點

A[F,I] 為頂點 F 到 I 的距離，

V 是網路中所有頂點的集合。

E 是網路中所有邊的組合。

S 也是頂點的集合，其初始值是 S={F}。

STEP 2 從 V−S 集合中找到一個頂點 x，使 D(x) 的值為最小值，並把 x 放入 S 集合中。

STEP 3 依下列公式

D[I]=min(D[I],D[x]+A[x,I])

其中 (x,I)∈E 來調整 D 陣列的值，其中 I 是指 x 的相鄰各頂點。

STEP 4 重複執行 STEP 2，一直到 V−S 是空集合為止。

我們直接來看一個例子，請找出下圖中，頂點 5 到各頂點間的最短路徑。

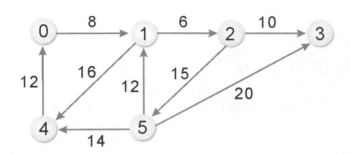

做法相當簡單，首先由頂點 5 開始，找出頂點 5 到各頂點間最小的距離，到達不了以∞表示。步驟如下：

STEP 1 D[0]=∞,D[1]=12,D[2]= ∞ ,D[3]=20,D[4]=14。在其中找出值最小的頂點，加入 S 集合中：D[1]。

STEP 2 D[0]=∞,D[1]=12,D[2]=18,D[3]=20,D[4]=14。D[4] 最小，加入 S 集合中。

STEP 3 D[0]=26,D[1]=12,D[2]=18,D[3]=20,D[4]=14。D[2] 最小，加入 S 集合中。

STEP 4 D[0]=26,D[1]=12,D[2]=18,D[3]=20,D[4]=14。D[3] 最小，加入 S 集合中。

STEP 5 加入最後一個頂點即可到下表：

步驟	S	0	1	2	3	4	5	選擇
1	5	∞	12	∞	20	14	0	1
2	5,1	∞	12	18	20	14	0	4
3	5,1,4	26	12	18	20	14	0	2
4	5,1,4,2	26	12	18	20	14	0	3
5	5,1,4,2,3	26	12	18	20	14	0	0

由頂點 5 到其他各頂點的最短距離為：

頂點 5- 頂點 0：26

頂點 5- 頂點 1：12

頂點 5- 頂點 2：18

頂點 5- 頂點 3：20

頂點 5- 頂點 4：14

範例 **Short.java** ▎ 請設計一 **Java** 程式，以 **Dijkstra** 演算法來求取下列圖形成本陣列中，頂點 **1** 對全部圖形頂點間的最短路徑：

```
int Weight_Path[][] = { {1, 2, 10},{2, 3, 20},
                        {2, 4, 25},{3, 5, 18},
                        {4, 5, 22},{4, 6, 95},{5, 6, 77} };
```

```
01  //  Dijkstra 演算法 ( 單點對全部頂點的最短路徑 )
02
03  // 圖形的相鄰矩陣類別宣告
04  class Adjacency {
05      final int INFINITE = 99999;
06      public int[][] Graph_Matrix;
07      // 建構子
08      public Adjacency(int[][] Weight_Path,int number) {
09          int i, j;
10          int Start_Point, End_Point;
11          Graph_Matrix = new int[number][number];
12          for ( i = 1; i < number; i++ )
13              for ( j = 1; j < number; j++ )
14                  if ( i != j )
15                      Graph_Matrix[i][j] = INFINITE;
16                  else
17                      Graph_Matrix[i][j] = 0;
18          for ( i = 0; i < Weight_Path.length; i++ ) {
19              Start_Point = Weight_Path[i][0];
20              End_Point = Weight_Path[i][1];
```

```
21              Graph_Matrix[Start_Point][End_Point] = Weight_Path[i][2];
22          }
23      }
24      // 顯示圖形的方法
25      public void printGraph_Matrix() {
26          for ( int i = 1; i < Graph_Matrix.length; i++ ) {
27             for ( int j = 1; j < Graph_Matrix[i].length; j++ )
28                if ( Graph_Matrix[i][j] == INFINITE )
29                   System.out.print(" x ");
30                else {
31                   if ( Graph_Matrix[i][j] == 0 ) System.out.print(" ");
32                   System.out.print(Graph_Matrix[i][j] + " ");
33                }
34                System.out.println();
35          }
36      }
37  }
38
39  // Dijkstra 演算法類別
40  class Dijkstra extends Adjacency {
41      private int[] cost;
42      private int[] selected;
43      // 建構子
44      public Dijkstra(int[][] Weight_Path,int number) {
45          super(Weight_Path,number);
46          cost = new int[number];
47          selected = new int[number];
48          for ( int i = 1; i < number; i++ )  selected[i] = 0;
49      }
50      // 單點對全部頂點最短距離
51      public void shortestPath(int source) {
52          int shortest_distance;
53          int shortest_vertex= 1;
54          int i,j;
55          for ( i = 1; i < Graph_Matrix.length; i++ )
56             cost[i] = Graph_Matrix[source][i];
57          selected[source] = 1;
58          cost[source] = 0;
59          for ( i = 1; i < Graph_Matrix.length-1; i++ ) {
60             shortest_distance = INFINITE;
61             for ( j = 1; j < Graph_Matrix.length; j++ )
62                if ( shortest_distance>cost[j] && selected[j]==0 ) {
```

```
63                    shortest_vertex= j;
64                    shortest_distance = cost[j];
65                 }
66            selected[shortest_vertex] = 1;
67            for ( j = 1; j < Graph_Matrix.length; j++ ) {
68               if ( selected[j] == 0 &&
69                    cost[shortest_vertex]+Graph_Matrix[shortest_vertex][j]
                      < cost[j]) {
70                    cost[j] = cost[shortest_vertex] + Graph_Matrix[shortest_
                      vertex][j];
71               }
72            }
73        }
74        System.out.println("====================================");
75        System.out.println(" 頂點 1 到各頂點最短距離的最終結果 ");
76        System.out.println("====================================");
77        for (j=1;j<Graph_Matrix.length;j++)
78            System.out.println(" 頂點 1 到頂點 "+j+" 的最短距離 = "+cost[j]);
79     }
80
81  }
82  // 主類別
83  public class Short {
84     // 主程式
85     public static void main(String[] args) {
86        int Weight_Path[][] = { {1, 2, 10},{2, 3, 20},
87                                {2, 4, 25},{3, 5, 18},
88                                {4, 5, 22},{4, 6, 95},{5, 6, 77} };
89        Dijkstra object=new Dijkstra(Weight_Path,7);
90        System.out.println("==========================");
91        System.out.println(" 此範例圖形的相鄰矩陣如下： ");
92        System.out.println("==========================");
93        object.printGraph_Matrix();
94        object.shortestPath(1);
95     }
96  }
```

執行結果

```
D:\Java\ch10>javac Short.java

D:\Java\ch10>java Short
此範例圖形的相鄰矩陣如下：

0 10  x  x  x  x
x  0 20 25  x  x
x  x  0  x 18  x
x  x  x  0 22 95
x  x  x  x  0 77
x  x  x  x  x  0

頂點1到各頂點最短距離的最終結果

頂點1到頂點1的最短距離= 0
頂點1到頂點2的最短距離= 10
頂點1到頂點3的最短距離= 30
頂點1到頂點4的最短距離= 35
頂點1到頂點5的最短距離= 48
頂點1到頂點6的最短距離= 125

D:\Java\ch10>
```

A* 演算法

前面所介紹的 Dijkstra's 演算法在尋找最短路徑的過程中算是一個較不具效率的作法，那是因為這個演算法在尋找起點到各頂點的過程中，不論哪一個頂點，都要實際去計算起點與各頂點間的距離，來取得最後的一個判斷，到底哪一個頂點距離與起點最近。

也就是說 Dijkstra's 演算法在帶有權重值（cost value）的有向圖形間的最短路徑的尋找方式，只是簡單地做廣度優先的搜尋工作，完全忽略許多有用的資訊，這種搜尋演算法會消耗許多系統資源，包括 CPU 時間與記憶體空間。其實如果能有更好的方式幫助我們預估從各頂點到終點的距離，善加利用這些資訊，就可以預先判斷圖形上有哪些頂點離終點的距離較遠，而直接略過這些頂點的搜尋，這種更有效率的搜尋演算法，絕對有助於程式以更快的方式決定最短路徑。

在這種需求的考量下，A* 演算法可以說是一種 Dijkstra's 演算法的改良版，它結合了在路徑搜尋過程中從起點到各頂點的「實際權重」，及各頂點預估到達終點的「推測權重」（或稱為試探權重 heuristic cost）兩項因素，這個演算法可以有效減少不必要的搜尋動作，以提高搜尋最短路徑的效率。

【Dijkstra's 演算法】　　　【A* 演算（Dijkstra's 演算法的改良版）】

因此 A* 演算法也是最短路徑演算法，和 Dijkstra's 演算法不同的是，A*演算法會預先設定一個「推測權重」，並在找尋最短路徑的過程中，將「推測權重」一併納入決定最短路徑的考慮因素。所謂「推測權重」就是根據事先知道的資訊來給定一個預估值，結合這個預估值，A* 演算法可以更有效率搜尋最短路徑。

例如在尋找一個已知「起點位置」與「終點位置」迷宮的最短路徑問題中，因為事先知道迷宮的終點位置，所以可以採用頂點和終點的歐氏幾何平面直線距離（Euclidean distance，即數學定義中的平面兩點間的距離）作為該頂點的推測權重。

TIPS 有哪些常見的距離評估函數

在 A* 演算法中，用來計算推測權重的距離評估函數，除了上面所提到的歐氏幾何平面距離，還有許多的距離評估函數可供選擇，例如曼哈頓距離（Manhattan distance）和切比雪夫距離（Chebysev distance）等。對於二維平面上的二個點 (x1,y1) 和 (x2,y2)，這三種距離的計算方式如下：

- 曼哈頓距離（Manhattan distance）

  $D=|x1-x2|+|y1-y2|$

- 切比雪夫距離（Chebysev distance）

  $D=\max(|x1-x2|,|y1-y2|)$

- 歐氏幾何平面直線距離（Euclidean distance）

  $D=\sqrt{(x1-x2)^2+(y1-y2)^2}$

　　A* 演算法並不像 Dijkstra's 演算法，只單一考慮從起點到這個頂點的實際權重（或更具來說就是實際距離）來決定下一步要嘗試的頂點。比較不同的作法是，A* 演算法在計算從起點到各頂點的權重，會同步考慮從起點到這個頂點的實際權重，再加上該頂點到終點的推測權重，以推估出該頂點從起點到終點的權重。再從其中選出一個權重最小的頂點，並將該頂點標示為已搜尋完畢。接著再計算從搜尋完畢的點出發到各頂點的權重，再從其中選出一個權重最小的點，依循前面同樣的作法，將該頂點標示為已搜尋完畢的頂點，以此類推…，反覆進行同樣的步驟，一直到抵達終點，才結束搜尋的工作，就可以得到最短路徑的最佳解答。

　　做個簡單的總結，實作 A* 演算法的主要步驟，摘要如下：

STEP **1**　首先決定各頂點到終點的「推測權重」。「推測權重」的計算方式可以採用各頂點和終點之間的直線距離，並採用四捨五入後的值，直線距離的計算函數，可從上述三種距離的計算方式擇一。

STEP 2 分別計算從起點可抵達的各個頂點的權重，其計算方式是由起點到該頂點的「實際權重」，加上該頂點抵達終點的「推測權重」。計算完畢後，選出權重最小的點，並標示為搜尋完畢的點。

STEP 3 接著計算從搜尋完畢的點出發到各點的權重，再從其中選出一個權重最小的點，並將其標示為搜尋完畢的點。以此類推⋯，反覆進行同樣的計算過程，一直到抵達最後的終點。

　　A* 演算法適用於可以事先獲得或預估各頂點到終點距離的情況，但是萬一無法取得各頂點到目的地終點的距離資訊時，就無法使用 A* 演算法。雖然說 A* 演算法是一種 Dijkstra's 演算法的改良版，但並不是指任何情況下 A* 演算法效率一定優於 Dijkstra's 演算法。例如當「推測權重」的距離和實際兩個頂點間的距離相差甚大時，A* 演算法的搜尋效率可能比 Dijkstra's 演算法都來得差，甚至還會誤導方向，而造成無法得到最短路徑的最終答案。

　　但是如果推測權重所設定的距離和實際兩個頂點間的真實距離誤差不大時，A* 演算法的搜尋效率就遠大於 Dijkstra's 演算法。因此 A* 演算法常被應用在遊戲軟體開發中的玩家與怪物兩種角色間的追逐行為，或是引導玩家以最有效率的路徑及最便捷的方式，快速突破遊戲關卡。

【 A* 演算法常被應用在遊戲中角色追逐與快速突破關卡的設計 】

10-4-2 Floyd 演算法

由於 Dijkstra 的方法只能求出某一點到其他頂點的最短距離，如果要求出圖形中任意兩點甚至所有頂點間最短的距離，就必須使用 Floyd 演算法。

Floyd 演算法定義：

① $A^k[i][j]=\min\{A^{k-1}[i][j],A^{k-1}[i][k]+A^{k-1}[k][j]\}$，$k \geqq 1$

k 表示經過的頂點，$A^k[i][j]$ 為從頂點 i 到 j 的經由 k 頂點的最短路徑。

② $A^0[i][j]=COST[i][j]$（即 A^0 便等於 COST），A^0 為頂點 i 到 j 間的直通距離。

③ $A^n[i,j]$ 代表 i 到 j 的最短距離，即 A^n 便是我們所要求的最短路徑成本矩陣。

這樣看起來似乎覺得 Floyd 演算法相當複雜難懂，我們將直接以實例說明它的演算法則。例如試以 Floyd 演算法求得下圖各頂點間的最短路徑：

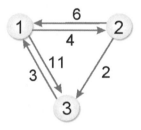

STEP **1** 找到 $A^0[i][j]=COST[i][j]$，A^0 為不經任何頂點的成本矩陣。若沒有路徑則以 ∞（無窮大）表示。

A^0	1	2	3
1	0	4	11
2	6	0	2
3	3	∞	0

STEP **2** 找出 $A^1[i][j]$ 由 i 到 j，經由頂點①的最短距離，並填入矩陣。

$A^1[1][2] = \min\{A^0[1][2], A^0[1][1]+A^0[1][2]\}$

$\qquad = \min\{4, 0+4\} = 4$

$A^1[1][3] = \min\{A^0[1][3], A^0[1][1]+A^0[1][3]\}$

$\qquad = \min\{11, 0+11\} = 11$

$A^1[2][1] = \min\{A^0[2][1], A^0[2][1]+A^0[1][1]\}$

$\qquad = \min\{6, 6+0\} = 6$

$A^1[2][3] = \min\{A^0[2][3], A^0[2][1]+A^0[1][3]\}$

$\qquad = \min\{2, 6+11\} = 2$

$A^1[3][1] = \min\{A^0[3][1], A^0[3][1]+A^0[1][1]\}$

$\qquad = \min\{3, 3+0\} = 3$

$A^1[3][2] = \min\{A^0[3][2], A^0[3][1]+A^0[1][2]\}$

$\qquad = \min\{\infty, 3+4\} = 7$

依序求出各頂點的值後可以得到 A^1 矩陣：

A^1	1	2	3
1	0	4	11
2	6	0	2
3	3	7	0

STEP ③ 求出 $A^2[i][j]$ 經由頂點②的最短距離。

$A^2[1][2]$ =min$\{A^1[1][2],A^1[1][2]+A^1[2][2]\}$

　　　　=min$\{4,4+0\}$=4

$A^2[1][3]$ =min$\{A^1[1][3],A^1[1][2]+A^1[2][3]\}$

　　　　=min$\{11,4+2\}$=6

依序求其他各頂點的值可得到 A^2 矩陣：

A^2	1	2	3
1	0	4	6
2	6	0	2
3	3	7	0

STEP ④ 出 $A^3[i][j]$ 經由頂點③的最短距離。

$A^3[1][2]$ =min$\{A^2[1][2],A^2[1][3]+A^2[3][2]\}$

　　　　=min$\{4,6+7\}$=4

$A^3[1][3]$ =min$\{A^2[1][3],A^2[1][3]+A^2[3][3]\}$

　　　　=min$\{6,6+0\}$=6

依序求其他各頂點的值可得到 A^3 矩陣：

A^3	1	2	3
1	0	4	6
2	5	0	2
3	3	7	0

完成

所有頂點間的最短路徑為矩陣 A^3 所示。

由上例可知，一個加權圖形若有 n 個頂點，則此方法必須執行 n 次迴圈，逐一產生 $A^1, A^2, A^3, \cdots A^k$ 個矩陣。但因 Floyd 演算法較為複雜，讀者也可以用上一小節所討論的 Dijkstra 演算法，依序以各頂點為起始頂點，如此一來可以得到相同的結果。

範例 **Distance.java** ▌ 請設計一 **Java** 程式，以 **Floyd** 演算法來求取下列圖形成本陣列中，所有頂點兩兩之間的最短路徑，原圖形的相鄰矩陣陣列如下：

```
int Weight_Path[][] = { {1, 2, 10},{2, 3, 20},
                        {2, 4, 25},{3, 5, 18},
                        {4, 5, 22},{4, 6, 95},{5, 6, 77} };
```

```
01   //  Floyd 演算法 ( 所有頂點兩兩之間的最短距離 )
02
03   // 圖形的相鄰矩陣類別宣告
04   class Adjacency {
05      final int INFINITE = 99999;
06      public int[][] Graph_Matrix;
07      // 建構子
08      public Adjacency(int[][] Weight_Path,int number) {
09         int i, j;
10         int Start_Point, End_Point;
11         Graph_Matrix = new int[number][number];
12         for ( i = 1; i < number; i++ )
13            for ( j = 1; j < number; j++ )
14               if ( i != j )
15                  Graph_Matrix[i][j] = INFINITE;
16               else
17                  Graph_Matrix[i][j] = 0;
```

```
18          for ( i = 0; i < Weight_Path.length; i++ ) {
19              Start_Point = Weight_Path[i][0];
20              End_Point = Weight_Path[i][1];
21              Graph_Matrix[Start_Point][End_Point] = Weight_Path[i][2];
22          }
23      }
24      // 顯示圖形的方法
25      public void printGraph_Matrix() {
26          for ( int i = 1; i < Graph_Matrix.length; i++ ) {
27              for ( int j = 1; j < Graph_Matrix[i].length; j++ )
28                  if ( Graph_Matrix[i][j] == INFINITE )
29                      System.out.print(" x ");
30                  else {
31                      if ( Graph_Matrix[i][j] == 0 ) System.out.print(" ");
32                      System.out.print(Graph_Matrix[i][j] + " ");
33                  }
34                  System.out.println();
35          }
36      }
37  }
38
39  // Floyd 演算法類別
40  class Floyd extends Adjacency {
41      private int[][] cost;
42      private int capcity;
43      // 建構子
44      public Floyd(int[][] Weight_Path,int number) {
45          super(Weight_Path,number);
46          cost = new int[number][];
47          capcity=Graph_Matrix.length;
48          for ( int i = 0; i < capcity; i++ )
49              cost[i] = new int[number];
50      }
51      // 所有頂點兩兩之間的最短距離
52      public void shortestPath() {
53          for ( int i = 1; i < Graph_Matrix.length; i++ )
54              for ( int j = i; j < Graph_Matrix.length; j++ )
55                  cost[i][j] = cost[j][i] = Graph_Matrix[i][j];
56          for ( int k = 1; k < Graph_Matrix.length; k++ )
```

```
57            for ( int i = 1; i < Graph_Matrix.length; i++ )
58              for ( int j = 1; j < Graph_Matrix.length; j++ )
59                if ( cost[i][k]+cost[k][j] < cost[i][j] )
60                  cost[i][j] = cost[i][k] + cost[k][j];
61        System.out.print(" 頂點 vex1 vex2 vex3 vex4 vex5 vex6\n");
62        for ( int i = 1; i < Graph_Matrix.length; i++ ) {
63            System.out.print("vex"+i + " ");
64            for ( int j = 1; j < Graph_Matrix.length; j++ ) {
65                // 調整顯示的位置，顯示距離陣列
66                if ( cost[i][j] < 10 ) System.out.print(" ");
67                if ( cost[i][j] < 100 )System.out.print(" ");
68                System.out.print(" " + cost[i][j] + " ");
69            }
70            System.out.println();
71        }
72    }
73 }
74 // 主類別
75 public class Distance {
76    // 主程式
77    public static void main(String[] args) {
78        int Weight_Path[][] = { {1, 2, 10},{2, 3, 20},
79                                {2, 4, 25},{3, 5, 18},
80                                {4, 5, 22},{4, 6, 95},{5, 6, 77} };
81        Floyd object = new Floyd(Weight_Path,7);
82        System.out.println("===========================");
83        System.out.println(" 此範例圖形的相鄰矩陣如下：");
84        System.out.println("===========================");
85        object.printGraph_Matrix();
86        System.out.println("=================================");
87        System.out.println(" 所有頂點兩兩之間的最短距離：");
88        System.out..println("=================================");
89        object.shortestPath();
90    }
91 }
```

執行結果

```
D:\Java\ch10>javac Distance.java

D:\Java\ch10>java Distance
此範例圖形的相鄰矩陣如下:

0  10  x   x   x   x
x   0  20  25  x   x
x   x   0   x  18   x
x   x   x   0  22  95
x   x   x   x   0  77
x   x   x   x   x   0

所有頂點兩兩之間的最短距離:

頂點  vex1 vex2 vex3 vex4 vex5 vex6
vex1    0   10   30   35   48  125
vex2   10    0   20   25   38  115
vex3   30   20    0   40   18   95
vex4   35   25   40    0   22   95
vex5   48   38   18   22    0   77
vex6  125  115   95   95   77    0

D:\Java\ch10>
```

想一想，怎麼做？

1. 求出下圖的 DFS 與 BFS 結果。

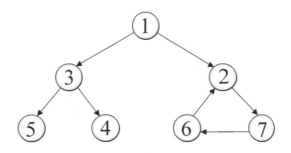

2. 請以 K 氏法求取下圖中最小成本擴張樹：

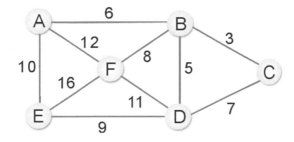

3. 求下圖之拓樸排序。

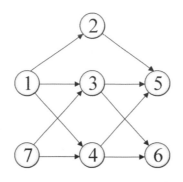

4. 請簡述拓樸排序的步驟。

5. 利用 (1) 深度優先（Depth First）搜尋法、(2) 廣度優先（Breadth First）搜尋法求出 Spanning Tree。

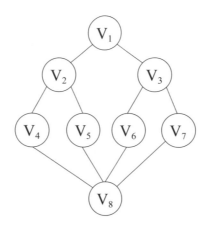

6. 以下所列之樹皆是關於圖形 G 之搜尋樹（Search Tree）。假設所有的搜尋皆始於節點 (Node)1。試判定每棵樹是深度優先搜尋樹（DFS），或廣度優先搜尋樹（BFS），或二者皆非。

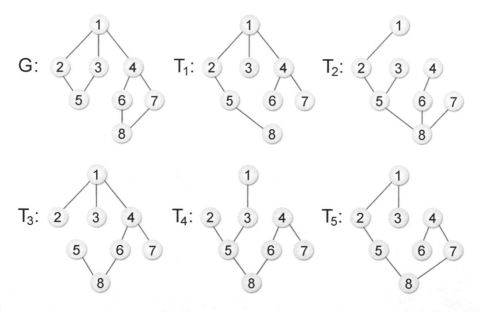

7. 求 V_1、V_2、V_3 任兩頂點之最短距離。並描述其過程。

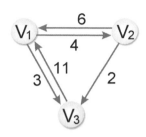

8. 假設在註有各地距離之圖上（單行道），以各地之間最短距離（Shortest Paths）求下列各題。

   (1) 利用距離，將下圖資料儲存起來，請寫出結果。

   (2) 寫出所有各地間最短距離執行法。

   (3) 寫出最後所得之矩陣，並說明其可表示所求各地間之最短距離。

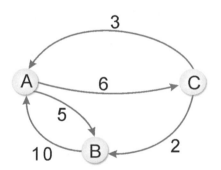

9. 何謂擴張樹？擴張樹應該包含哪些特點？

10. 在求得一個無向連通圖形的最小花費樹 Prim's 演算法的主要作法為何？試簡述之。

11. 在求得一個無向連通圖形的最小花費樹 Kruskal 演算法的主要作法為何？試簡述之。

MEMO

MEMO

MEMO

讀者回函

讀者回函

感謝您購買本公司出版的書，您的意見對我們非常重要！由於您寶貴的建議，我們才得以不斷地推陳出新，繼續出版更實用、精緻的圖書。因此，請填妥下列資料(也可直接貼上名片)，寄回本公司(免貼郵票)，您將不定期收到最新的圖書資料！

購買書號：　　　　　書名：

姓　　名：＿＿＿＿＿＿＿＿＿＿＿＿＿＿＿＿

職　　業：□上班族　　□教師　　　□學生　　　□工程師　　□其它

學　　歷：□研究所　　□大學　　　□專科　　　□高中職　　□其它

年　　齡：□10~20　　□20~30　　□30~40　　□40~50　　□50~

單　　位：＿＿＿＿＿＿＿＿＿＿＿　部門科系：＿＿＿＿＿＿＿＿

職　　稱：＿＿＿＿＿＿＿＿＿＿＿　聯絡電話：＿＿＿＿＿＿＿＿

電子郵件：＿＿＿＿＿＿＿＿＿＿＿＿＿＿＿＿＿＿＿＿＿＿＿＿

通訊住址：□□□＿＿＿＿＿＿＿＿＿＿＿＿＿＿＿＿＿＿＿＿＿

您從何處購買此書：

□書局＿＿＿＿　□電腦店＿＿＿＿　□展覽＿＿＿＿　□其他＿＿＿＿

您覺得本書的品質：

內容方面：　□很好　　　　□好　　　　□尚可　　　　□差

排版方面：　□很好　　　　□好　　　　□尚可　　　　□差

印刷方面：　□很好　　　　□好　　　　□尚可　　　　□差

紙張方面：　□很好　　　　□好　　　　□尚可　　　　□差

您最喜歡本書的地方：＿＿＿＿＿＿＿＿＿＿＿＿＿＿＿＿＿＿＿

您最不喜歡本書的地方：＿＿＿＿＿＿＿＿＿＿＿＿＿＿＿＿＿＿

假如請您對本書評分，您會給(0~100分)：＿＿＿＿＿　分

您最希望我們出版那些電腦書籍：

請將您對本書的意見告訴我們：

您有寫作的點子嗎？□無　　□有　　專長領域：＿＿＿＿＿＿＿＿

歡迎您加入博碩文化的行列哦！

✂請沿虛線剪下寄回本公司

博碩文化網站　　http://www.drmaster.com.tw

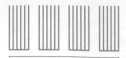

廣　告　回　函
台灣北區郵政管理局登記證
北台字第4647號
印刷品・免貼郵票

221

博碩文化股份有限公司　產品部

新北市汐止區新台五路一段112號10樓A棟

如何購買博碩書籍

全 省書局

請至全省各大書局、連鎖書店、電腦書專賣店直接選購。

（書店地圖可至博碩文化網站查詢，若遇書店架上缺書，可向書店申請代訂）

信 用卡及劃撥訂單（優惠折扣85折，未滿1,000元請加運費80元）

請於劃撥單備註欄註明欲購之書名、數量、金額、運費，劃撥至

帳號：17484299　戶名：博碩文化股份有限公司，並將收據及

訂購人連絡方式傳真至(02)26962867。

線 上訂購

請連線至「博碩文化網站 http://www.drmaster.com.tw」，於網站上查詢

優惠折扣訊息並訂購即可。

信用卡 CREDIT CARD

專用訂購單

※優惠折扣請上博碩網站查詢，或電洽 (02)2696-2869#307
※請填妥此訂單傳真至(02)2696-2867 或直接利用背面回郵直接投遞。謝謝！

一、訂購資料

	書號	書名	數量	單價	小計
1					
2					
3					
4					
5					
6					
7					
8					
9					
10					
				總計 NT$	

總　計：NT$＿＿＿＿＿＿＿　X 0.85＝折扣金額 NT$＿＿＿＿＿＿＿

折扣後金額：NT$＿＿＿＿＿＿＿＋掛號費：NT$＿＿＿＿＿＿＿

＝總支付金額 NT$＿＿＿＿＿＿＿　※各項金額若有小數，請四捨五入計算。

「掛號費 80 元，外島縣市100元」

二、基本資料

收 件 人：＿＿＿＿＿＿＿＿＿＿＿　生日：＿＿＿ 年＿＿ 月＿＿日

電　　話：(住家)＿＿＿＿＿＿＿＿　(公司)＿＿＿＿＿＿＿＿　分機＿＿＿

收件地址：□ □ □ ＿＿＿＿＿＿＿＿＿＿＿＿＿＿＿＿＿＿＿＿

發票資料：□ 個人（二聯式）　□ 公司抬頭/統一編號：＿＿＿＿＿＿＿＿

信用卡別：□ MASTER CARD　□ VISA CARD　□ JCB 卡　□ 聯合信用卡

信用卡號：□□□□□□□□□□□□□□□□

身份證號：□□□□□□□□□□

有效期間：＿＿＿＿ 年＿＿＿＿月止（總支付金額）

訂購金額：＿＿＿＿＿＿＿＿元整

訂購日期：＿＿＿ 年＿＿ 月＿＿日

持卡人簽名：＿＿＿＿＿＿＿＿＿＿＿＿＿（與信用卡簽名同字樣）

- 黏 貼 處 -

博碩文化網址
http://www.drmaster.com.tw

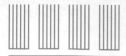

廣　告　回　函
台灣北區郵政管理局登記證
北台字第 4 6 4 7 號
印刷品 · 免貼郵票

221
博碩文化股份有限公司　業務部
新北市汐止區新台五路一段 112 號 10 樓 A 棟

如何購買博碩書籍

全 省書局
請至全省各大書局、連鎖書店、電腦書專賣店直接選購。

（書店地圖可至博碩文化網站查詢，若遇書店架上缺書，可向書店申請代訂）

信 用卡及劃撥訂單（優惠折扣 85 折，未滿 1,000 元請加運費 80 元）
請於劃撥單備註欄註明欲購之書名、數量、金額、運費，劃撥至

帳號：17484299　戶名：博碩文化股份有限公司，並將收據及

訂購人連絡方式傳真至 (02) 26962867。

線 上訂購
請連線至「博碩文化網站 http://www.drmaster.com.tw」，於網站上查詢

優惠折扣訊息並訂購即可。

DrMaster

深度學習資訊新領域

博碩文化

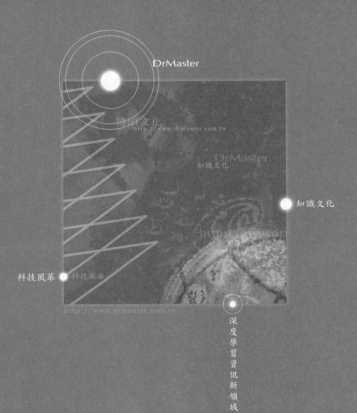

DrMaster

博碩文化　http://www.drmaster.com.tw

DrMaster
知識文化

知識文化

科技風革　科技風革

http://www.drmaster.com.tw

深度學習資訊新領域